高等职业教育"十三五"
土建类技能型人才培养规划教材

边做边学
AutoCAD 2014
建筑制图立体化实例教程

姜勇 周克媛／主编
孙建 刘岩／副主编

U0390206

人民邮电出版社
北京

图书在版编目（CIP）数据

边做边学：AutoCAD 2014建筑制图立体化实例教程 /
姜勇，周克媛主编. -- 北京：人民邮电出版社，
2017.4
高等职业教育"十三五"土建类技能型人才培养规划
教材
ISBN 978-7-115-43216-2

Ⅰ. ①边… Ⅱ. ①姜… ②周… Ⅲ. ①建筑制图－计
算机辅助设计－AutoCAD软件－高等职业教育－教材 Ⅳ.
①TU204

中国版本图书馆CIP数据核字(2016)第177702号

内 容 提 要

全书共 13 章，主要内容包括 AutoCAD 绘图环境及基本操作，绘制和编辑平面图形，组合体视图及剖面图，书写文字，标注尺寸，查询信息、图块、外部参照及设计工具，轴测图，建筑施工图，结构施工图，打印图形，三维建模等。

本书实用性强，按照"边做边学"的理念设计教材框架结构，将理论知识与实践操作交叉融合，重点培养读者的 AutoCAD 应用技能，提高其解决实际问题的能力。

本书既可作为高等职业院校土建类相关专业计算机辅助绘图课程的教材，也可作为广大工程技术人员及计算机爱好者的自学用书。

◆ 主　　编　姜　勇　周克媛

　　副主编　孙　建　刘　岩

　　责任编辑　刘盛平

　　责任印制　焦志炜

◆ 人民邮电出版社出版发行　　北京市丰台区成寿寺路 11 号

　　邮编　100164　　电子邮件　315@ptpress.com.cn

　　网址　http://www.ptpress.com.cn

　　北京昌平百善印刷厂印刷

◆ 开本：787×1092　1/16

　　印张：18.75　　　　　　2017 年 4 月第 1 版

　　字数：467 千字　　　　2017 年 4 月北京第 1 次印刷

定价：49.80 元

读者服务热线：(010)81055256　印装质量热线：(010)81055316
反盗版热线：(010)81055315
广告经营许可证：京东工商广字第 8052 号

前　言

AutoCAD 是美国 Autodesk 公司推出的集二维绘图、三维设计、参数化设计、协同设计、通用数据库管理及互联网通信功能等为一体的计算机辅助设计软件包，其应用范围遍及机械、建筑、航天、轻工及军事等领域，已经成为 CAD 中应用最为广泛的设计软件之一。

近年来，随着我国社会经济的迅猛发展，市场上急需一大批懂技术、懂设计、懂软件、会操作的应用型高技能人才。本书是基于目前社会上对 AutoCAD 应用人才的需求、各个职业院校开设相关课程的教学需求以及企业中部分技术人员学习 AutoCAD 软件的需求而编写的。

根据新时代对人才的需求，本书按照"边做边学"的理念设计框架结构，每章结构大致按照"课堂实训→软件功能→上机练习→综合练习"这一思路进行编排，体现了教学改革的最新理念。

本书突出实用性，注重培养学生的实践能力，具有以下特色。

（1）作者在充分考虑课程教学内容及特点的基础上组织本书内容及编排方式，通过课堂实训将理论知识形象化展现出来，使学生易于理解，以增强学习兴趣。同时，本书将理论知识点与上机练习有机结合，便于教师构建"边讲、边练、边学"的教学模式。

（2）本书精心选取 AutoCAD 的一些常用功能及与建筑绘图密切相关的知识构成全书主要内容，突出了实用原则。

（3）本书专门安排两章内容介绍用 AutoCAD 绘制建筑施工图及结构施工图的方法。通过这部分内容的学习，学生可以了解用 AutoCAD 绘制建筑图的特点，并掌握一些实用的作图技巧，从而提高其解决实际问题的能力。

（4）本书提供"课件""教学素材""微课视频"等教学辅助材料，构建立体化教材，方便教师教学与学生学习。同时，将针对实例开发的微课视频以二维码的形式嵌入到书中相应位置，读者通过手机等终端设备的"扫一扫"功能，可以直接读取这些视频，从而加深对软件操作的认识和理解。

全书分为 13 章，主要内容如下。

- 第 1 章：介绍 AutoCAD 2014 用户界面及一些基本操作。
- 第 2 章：介绍线段、平行线、多段线、圆及圆弧连接的绘制方法。
- 第 3 章：介绍如何绘制多边形、椭圆等对象及阵列、对齐等编辑方法。
- 第 4 章：介绍绘制波浪线、点、圆环、面域及填充剖面图案的方法。
- 第 5 章：介绍组合体视图及剖视图绘制方法。
- 第 6 章：介绍如何书写文字。
- 第 7 章：介绍标注各种类型尺寸的方法。
- 第 8 章：介绍如何查询图形信息及图块、外部参照的用法。

- 第 9 章：介绍轴测图的绘制方法。
- 第 10 章：通过实例说明建筑施工图的绘制方法和技巧。
- 第 11 章：通过实例说明结构施工图的绘制方法和技巧。
- 第 12 章：介绍怎样输出图形。
- 第 13 章：介绍创建三维实体模型的方法。

本书由姜勇、周克媛任主编，孙建、刘岩任副主编。参加本书编写工作的还有沈精虎、黄业清、宋一兵、冯辉、郭英文、计晓明、董彩霞、滕玲、管振起等。

编 者

2016 年 8 月

目　录

第1章

AutoCAD 绘图环境及基本操作

【学习目标】

- 熟悉 AutoCAD 2014 用户界面的组成。
- 掌握调用 AutoCAD 命令的方法。
- 掌握选择对象的常用方法。
- 掌握快速缩放、移动图形及全部缩放图形的方法。
- 掌握重复命令和取消已执行的操作的方法。
- 掌握图层、线型及线宽等的设置方法。

通过本章的学习，使读者熟悉 AutoCAD 2014 的用户界面，并掌握一些基本操作。

1.1 熟悉用户界面及学习基本操作

本节将介绍 AutoCAD 2014 用户界面的组成，并讲解常用的一些基本操作。

1.1.1 课堂实训——熟悉 AutoCAD 2014 的用户界面

启动 AutoCAD 2014 后，其用户界面如图 1-1 所示，它主要由菜单浏览器、快速访问工具栏、功能区、绘图窗口、导航栏、命令提示窗口及状态栏等部分组成。

下面通过操作练习来熟悉 AutoCAD 2014 用户界面。

【练习 1-1】 熟悉 AutoCAD 2014 用户界面。

（1）单击程序窗口左上角的 ▲ 图标，弹出下拉菜单，该菜单包含【新建】、【打开】及【保存】等常用选项。单击 📄 按钮，系统显示已打开的所有图形文件；单击 🗁 按钮，系统显示最近使用的文件。

练习1-1 AutoCAD
2014用户界面

图 1-1　AutoCAD 2014 用户界面

（2）单击【快速访问】工具栏上的 按钮，显示 ，再单击 按钮，选择【显示菜单栏】选项，显示 AutoCAD 主菜单。选择菜单命令【工具】/【选项板】/【功能区】，关闭【功能区】。

（3）再次选择菜单命令【工具】/【选项板】/【功能区】，则又打开【功能区】。

（4）单击【默认】选项卡中【绘图】面板上的 按钮，展开该面板。再单击 按钮，固定面板。

（5）选择菜单命令【工具】/【工具栏】/【AutoCAD】/【绘图】，打开【绘图】工具栏，如图 1-2 所示。用户可移动工具栏或改变工具栏的形状。将鼠标光标移动到工具栏端部，按下鼠标左键并移动鼠标光标，工具栏就随鼠标光标移动。将鼠标光标放置在拖出的工具栏的边缘，当鼠标光标变成双面箭头时，按住鼠标左键，拖动鼠标光标，工具栏的形状就发生变化。

（6）在任一选项卡标签上单击鼠标右键，弹出快捷菜单，选择菜单命令【显示选项卡】/【注释】，关闭【注释】选项卡。

（7）单击功能区中的【参数化】选项卡，展开【参数化】选项卡。在该选项卡的任一面板上单击鼠标右键，弹出快捷菜单，选择菜单命令【面板】/【管理】，关闭【管理】面板。

（8）单击功能区顶部的 按钮，收拢功能区，仅显示选项卡及面板的文字标签，再次单击该按钮，面板的文字标签消失，继续单击该按钮，展开功能区。

（9）在任一选项卡标签上单击鼠标右键，选择【浮动】命令，则功能区位置变为可动。将鼠标光标放在功能区的标题栏上，按住鼠标左键移动鼠标光标，改变功能区的位置。

（10）绘图窗口是用户绘图的工作区域，该区域无限大，其左下方有一个表示坐标系的图标，图标中的箭头分别指示 x 轴和 y 轴的正方向。在绘图区域中移动鼠标光标，状态栏上将显示光标点的坐标读数。单击该坐标区可改变坐标的显示方式。

（11）AutoCAD 提供了两种绘图环境：模型空间及图纸空间。单击绘图窗口下部的 布局1 按钮，切换到图纸空间。单击 模型 按钮，切换到模型空间。默认情况下，AutoCAD 的绘图环境是模型空间，用户在这里按实际尺寸绘制二维或三维图形。图纸空间提供了一张虚拟图纸（与手工绘图时的图纸类似），用户可在这张图纸上将模型空间的图样按不同缩放比例布置在图纸上。

图 1-2　打开【绘图】工具栏

（12）AutoCAD 绘图环境的组成一般称为工作空间，它是工具栏、面板和选项板等的组合。当用户绘制二维或三维图形时，就切换到相应的工作空间，此时 AutoCAD 仅显示出与绘图任务密切相关的工具栏和面板等，而隐藏一些不必要的界面元素。单击状态栏上的 图标，弹出快捷菜单，该菜单中的【草图与注释】选项被选中，表明现在处于二维草图与注释工作空间。选择该菜单上的【AutoCAD 经典】选项，切换至以前版本的默认工作空间。

（13）命令提示窗口位于 AutoCAD 程序窗口的底部，用户输入的命令、系统的提示信息等都反映在此窗口中。将鼠标光标放在窗口的上边缘，鼠标光标变成双面箭头，按住鼠标左键向上拖动鼠标光标就可以增加命令窗口显示的行数。按 F2 键将打开命令提示窗口，再次按 F2 键可关闭此窗口。

绘图窗口中包含了显示及观察图形的工具。

（1）视口控件

• [-]：单击"–"号显示选项，这些选项用于最大化视口、创建多视口及控制绘图窗口右边的 ViewCube 工具和导航栏的显示。

• [俯视]：单击"俯视"显示设定标准视图（如前视图、俯视图等）的选项。

• [二维线框]：单击"二维线框"显示用于设定视觉样式的选项。视觉样式决定三维模型的显示方式。

（2）ViewCube 工具

ViewCube 工具用于控制观察方向的可视化工具，用法如下。

• 单击或拖动立方体的面、边、角点、周围文字及箭头等改变视点。

• 单击"ViewCube"左上角图标，切换到西南等轴测视图。

• 单击"ViewCube"下边的图标，切换到其他坐标系。

（3）导航栏

导航栏包含观察视图的一些工具。

• 平移：单击 按钮，沿屏幕平移视图。

• 缩放工具： 按钮内包含多种缩放当前视图的工具。

• 动态观察工具： 按钮内包含多种三维旋转视图的工具。

1.1.2 课堂实训——用 AutoCAD 绘图的基本过程

本实训的任务是完成新建文件、启动命令、输入命令参数、重复命令、结束命令及保存文件等操作。

【练习 1-2】 下面通过一个练习演示用 AutoCAD 绘制图形的基本过程。

（1）启动 AutoCAD 2014。

（2）单击 图标，选择【新建】/【图形】选项（或单击【快速访问】工具栏上的 按钮创建新图形），打开【选择样板】对话框，如图 1-3 所示。该对话框中列出了许多用于创建新图形的样板文件，默认的样板文件是 "acadiso.dwt"。单击 打开⑩ 按钮，开始绘制新图形。

练习1-2 AutoCAD绘图基本过程

图 1-3 【选择样板】对话框

（3）按状态栏上的 、 及 按钮。注意，不要按下 按钮。

（4）单击【默认】选项卡中【绘图】面板上的 按钮，AutoCAD 提示如下。

```
命令：_line 指定第一点：                        //任意单击一点 A，如图 1-4 所示
指定下一点或[放弃(U)]：400                      //向右移动鼠标光标，输入线段长度并按 Enter 键
指定下一点或[放弃(U)]：600                      //向上移动鼠标光标，输入线段长度并按 Enter 键
指定下一点或[闭合(C)/放弃(U)]：500              //向右移动鼠标光标，输入线段长度并按 Enter 键
指定下一点或[闭合(C)/放弃(U)]：800              //向下移动鼠标光标，输入线段长度并按 Enter 键
指定下一点或[闭合(C)/放弃(U)]：                 //按 Enter 键结束命令
```

结果如图 1-4 所示。

（5）按 Enter 键重复画线命令，绘制线段 *BC*，如图 1-5 所示。

图 1-4 画线

图 1-5 绘制线段 *BC*

（6）单击【快速访问】工具栏上的⟲按钮，线段 *BC* 消失，再次单击该按钮，连续折线也消失。单击⟳按钮，连续折线显示出来，继续单击该按钮，线段 *BC* 也显示出来。

（7）输入画圆命令全称 CIRCLE 或简称 C，AutoCAD 提示如下。

命令：CIRCLE   //输入命令，按 Enter 键确认
指定圆的圆心或[三点（3P）/两点（2P）/切点、切点、半径（T）]：
                                                //任意单击一点 *D*，指定圆心，如图 1-6 所示
指定圆的半径或[直径（D）]：100   //输入圆半径，按 Enter 键确认

结果如图 1-6 所示。

（8）单击【绘图】面板上的⊙按钮，AutoCAD 提示如下。

命令：_circle 指定圆的圆心或[三点（3P）/两点（2P）/切点、切点、半径（T）]：
    //将鼠标光标移动到端点 *A* 处，AutoCAD 自动捕捉该点，再单击鼠标左键确认，如图 1-7 所示
指定圆的半径或[直径（D）]<100.0000>：160   //输入圆半径，按 Enter 键确认

结果如图 1-7 所示。

图 1-6　画圆（1）

图 1-7　画圆（2）

（9）单击导航栏上的🖐按钮，鼠标光标变成手的形状🖐，按住鼠标左键向右拖动鼠标光标，直至图形不可见为止。按 Esc 键或 Enter 键退出。

（10）单击导航栏上的🔍按钮，图形又全部显示在窗口中，如图 1-8 所示。

（11）单击【视图】选项卡中【二维导航】面板上的🔍按钮，鼠标光标变成放大镜形状🔍，此时按住鼠标左键向下拖动鼠标光标，图形缩小，如图 1-9 所示。按 Esc 键或 Enter 键退出，也可单击鼠标右键，弹出快捷菜单，选择【退出】命令。该菜单上的【范围缩放】命令可使图形充满整个图形窗口显示。

图 1-8　全部显示图形

图 1-9　缩小图形

（12）单击鼠标右键，选择【平移】命令，再单击鼠标右键，选择【窗口缩放】命令。按住

鼠标左键并拖动鼠标光标，使矩形框包含图形的一部分，松开鼠标左键，矩形框内的图形被放大。继续单击鼠标右键，选择【缩放为原窗口】命令，则又返回原来的显示。

（13）单击【默认】选项卡中【修改】面板上的✐按钮（删除对象），AutoCAD 提示如下。

```
命令：_erase
选择对象：                        //单击点 A，如图 1-10（a）所示
指定对角点：找到 1 个  //向右下方拖动鼠标光标，出现一个实线矩形窗口
                                 //在点 B 处单击一点，矩形窗口内的圆被选中，被选对象变为虚线
选择对象：                        //按 Enter 键删除圆
命令：ERASE                       //按 Enter 键重复命令
选择对象：                        //单击点 C
指定对角点：找到 4 个  //向左下方拖动鼠标光标，出现一个虚线矩形窗口
                                 //单击点 D，矩形窗口内及与该窗口相交的所有对象都被选中
选择对象：                        //按 Enter 键删除圆和线段
```

结果如图 1-10（b）所示。

图 1-10　删除对象

（14）单击▲图标，选择【另存为】选项（或单击【快速访问】工具栏上的 按钮），弹出【图形另存为】对话框，在该对话框的【文件名】文本框中输入新文件名。该文件默认类型为"dwg"，若想更改，则可在【文件类型】下拉列表中选择其他类型。

1.1.3　调用命令

启动 AutoCAD 命令的方法一般有两种：一种是在命令行中输入命令全称或简称，另一种是用鼠标光标选择一个菜单命令或单击工具栏中的命令按钮。

1. 使用键盘发出命令

在命令行中输入命令全称或简称就可以使系统执行相应的命令。

一个典型的命令执行过程如下。

```
命令：circle                                    //输入命令全称 circle 或简称 c，按 Enter 键
指定圆的圆心或[三点（3P）/两点（2P）/相切、相切、半径（T）]:90,100
                                               //输入圆心的 x、y 坐标，按 Enter 键
指定圆的半径或[直径（D）] <50.7720>: 70          //输入圆半径，按 Enter 键
```

（1）方括弧 "[ ]" 中以 "/" 隔开的内容表示各个选项。若要选择某个选项，则需输入圆括号中的字母，字母可以是大写形式，也可以是小写形式。例如，想通过三点画圆，就输入 "3P"。此外，单击命令选项也可执行相应的功能。

（2）尖括号"<>"中的内容是当前默认值。

AutoCAD 的命令执行过程是交互式的。当用户输入命令后，需按 Enter 键确认，系统才执行该命令。而执行过程中，系统有时要等待用户输入必要的绘图参数，如输入命令选项、点的坐标或其他几何数据等，输入完成后，也要按 Enter 键，系统才能继续执行下一步操作。

 当使用某一命令时按 F1 键，AutoCAD 将显示该命令的帮助信息。也可将鼠标光标在命令按钮上放置片刻，则 AutoCAD 就会在按钮附近显示该命令的简要提示信息。

2. 利用鼠标发出命令

用鼠标选择主菜单中的命令选项或单击工具栏上的命令按钮，系统就执行相应的命令。此外，也可在命令启动前或执行过程中，单击鼠标右键，通过快捷菜单中的选项启动命令。利用 AutoCAD 绘图时，用户多数情况下是通过鼠标发出命令的。鼠标各按键定义如下。

* 左键：拾取键，用于单击工具栏按钮及选择菜单选项以发出命令，也可在绘图过程中指定点和选择图形对象等。
* 右键：一般作为回车键，命令执行完成后，常单击鼠标右键来结束命令。在有些情况下，单击鼠标右键将弹出快捷菜单，该菜单上有【确认】命令。
* 滚轮：转动滚轮，将放大或缩小图形，默认情况下，缩放增量为 10%。按住滚轮并拖动鼠标光标，则平移图形；双击滚轮，则全部缩放图形。

1.1.4　选择对象的常用方法

用户在使用编辑命令时，选择的多个对象将构成一个选择集。系统提供了多种构造选择集的方法。默认情况下，用户可以逐个地拾取对象或是利用矩形窗口、交叉窗口一次选取多个对象。

1. 用矩形窗口选择对象

当系统提示选择要编辑的对象时，用户在图形元素的左上角或左下角单击一点，然后向右拖动鼠标光标，AutoCAD 显示一个实线矩形窗口，让此窗口完全包含要编辑的图形实体，再单击一点，则矩形窗口中的所有对象（不包括与矩形边相交的对象）被选中，被选中的对象将以虚线形式表示出来。

下面通过 ERASE 命令来演示这种选择方法。

【练习 1-3】　用矩形窗口选择对象。

打开素材文件"dwg\第 1 章\1-3.dwg"，如图 1-11（a）所示，用 ERASE 命令将其修改为图 1-11（b）所示的图形。

练习1-3　用矩形窗口选择对象

```
命令：_erase
选择对象：                    //单击点 A，如图1-11（a）所示
指定对角点：找到 6 个          //单击点 B
选择对象：                    //按 Enter 键结束
```

结果如图 1-11（b）所示。

（a）　　　　（b）

图 1-11　用矩形窗口选择对象

2. 用交叉窗口选择对象

当 AutoCAD 提示"选择对象"时，在要编辑的图形元素右上角或右下角单击一点，然后向左拖动鼠标光标，此时出现一个虚线矩形框，使该矩形框包含被编辑对象的一部分，而让其余部分与矩形框边相交，再单击一点，则框内的对象和与框边相交的对象全部被选中。

练习1-4 用交叉窗口选择对象

下面通过 ERASE 命令来演示这种选择方法。

【练习 1-4】 用交叉窗口选择对象。

打开素材文件"dwg\第 1 章\1-4.dwg"，如图 1-12（a）所示，用 ERASE 命令将其修改为图 1-12（b）所示的图形。

命令：_erase	
选择对象：	//单击点 C，如图 1-12（a）所示
指定对角点：找到 31 个	//单击点 D
选择对象：	//按 Enter 键结束

结果如图 1-12（b）所示。

3. 给选择集添加或去除对象

编辑过程中，用户构造选择集常常不能一次完成，需向选择集中添加或从选择集中删除对象。在添加对象时，可直接选取或利用矩形窗口、交叉窗口选择要加入的图形元素。若要删除对象，可先按住 Shift 键，再从选择集中选择要清除的多个图形元素。

练习1-5 修改选择集

下面通过 ERASE 命令来演示修改选择集的方法。

【练习 1-5】 修改选择集。

打开素材文件"dwg\第 1 章\1-5.dwg"，如图 1-13（a）所示，用 ERASE 命令将其修改为图 1-13（b）所示的图形。

命令：_erase	
选择对象：指定对角点：找到 25 个	//单击点 A，如图 1-13（a）所示
选择对象：找到 1 个，删除 1 个	//单击点 B
选择对象：找到 1 个，删除 1 个	//按住 Shift 键，选取线段 C，该线段从选择集中去除
选择对象：找到 1 个，删除 1 个	//按住 Shift 键，选取线段 D，该线段从选择集中去除
选择对象：	//按住 Shift 键，选取线段 E，该线段从选择集中去除
	//按 Enter 键结束

结果如图 1-13（b）所示。

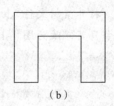

（a）　　　　　（b）　　　　　　　（a）　　　　　（b）

图 1-12　用交叉窗口选择对象　　　　图 1-13　修改选择集

1.1.5　删除对象

ERASE 命令用来删除图形对象，该命令没有任何选项。要删除一个对象，用户可以用鼠标光标先选择该对象，然后单击【修改】面板上的 ✍ 按钮，或者键入命令 ERASE（命令简称 E）。也可先发出删除命令，再选择要删除的对象。

1.1.6 撤销和重复命令

发出某个命令后，用户可随时按 Esc 键终止该命令。此时，系统又返回到命令行。

用户经常遇到的一个情况是在图形区域内偶然选择了图形对象，该对象上出现了一些高亮的小框，这些小框被称为关键点，它们可用于编辑对象（在第 4 章中将详细介绍），要取消这些关键点，按 Esc 键即可。

在绘图过程中，用户会经常重复使用某个命令，重复刚使用过的命令的方法是直接按 Enter 键。

1.1.7 取消已执行的操作

用 AutoCAD 绘图时，难免会出现各种各样的错误。要修正这些错误，可使用 UNDO 命令（命令简称 U）或【快速访问】工具栏上的按钮。如果想要取消前面执行的多个操作，可反复使用 UNDO 命令或反复单击按钮。

取消一个或多个操作后，若想恢复原来的效果，可使用 MREDO 命令或单击【快速访问】工具栏上的按钮。

1.1.8 快速缩放及移动图形

AutoCAD 的图形缩放及移动功能是很完备的，使用起来也很方便。绘图时，经常通过导航栏上的、工具来完成这两项功能。此外，不论 AutoCAD 命令是否运行，单击鼠标右键，弹出快捷菜单，该菜单上的【缩放】及【平移】命令也能实现同样的功能。

【练习1-6】 观察图形的方法。

（1）打开素材文件"dwg\第 1 章\1-6.dwg"，如图 1-14 所示。

练习1-6 观察图形的方法

一层平面图 1:100

图 1-14 观察图形

（2）单击导航栏上按钮下的，展开缩放菜单，选择【实时缩放】选项，AutoCAD 进入实时缩放状态，鼠标光标变成放大镜形状，此时按住鼠标左键向上拖动鼠标光标，放大图样，向下拖动鼠标光标，缩小图样。按 Esc 键或 Enter 键退出实时缩放状态，也可单击鼠标右键，然后选择快捷菜单上的【退出】命令实现这一操作。

（3）单击导航栏上的🖐按钮，AutoCAD 进入实时平移状态，鼠标光标变成手的形状👋，此时按住鼠标左键并拖动鼠标光标，就可以平移视图。单击鼠标右键，打开快捷菜单，然后选择【退出】命令。

（4）单击鼠标右键，选择【缩放】命令，进入实时缩放状态。再次单击鼠标右键，选择【平移】命令，切换到实时平移状态，按 $\boxed{Esc}$ 键或 $\boxed{Enter}$ 键退出。

（5）不要关闭文件，下一小节将继续练习。

1.1.9 窗口放大图形、全部显示图形及返回上一次的显示

在绘图过程中，用户经常要将图形的局部区域放大，以方便绘图。绘制完成后，又要返回上一次的显示或者将图形全部显示在程序窗口中，以观察绘图效果。利用导航栏或【视图】选项卡中【二维导航】面板上的🔍、🔍及🔍按钮可实现这 3 项功能。

继续前面的【练习 1-6】。

（1）单击鼠标右键，选择【缩放】命令。再次单击鼠标右键，选择【范围缩放】命令。

（2）单击鼠标右键，选择【窗口缩放】命令，按住鼠标左键拖出一个矩形窗口，松开鼠标左键，AutoCAD 把矩形内的图形放大，以充满整个程序窗口。

（3）单击鼠标右键，选择【缩放为原窗口】命令，返回第一步缩放时的显示。

（4）单击【二维导航】面板上的🔍按钮，指定矩形窗口的第一个角点，再指定另一角点，系统将尽可能地把矩形内的图形放大，以充满整个程序窗口。

（5）单击【二维导航】面板上的🔍按钮，或者双击鼠标滚轮，则全部图形充满整个程序窗口显示出来。

（6）单击【二维导航】面板上的🔍按钮，返回上一次的显示。

1.1.10 设定绘图区域大小

AutoCAD 的绘图空间是无限大的，但用户可以设定程序窗口中显示出的绘图区域的大小。作图时，事先对绘图区大小进行设定将有助于用户了解图形分布的范围。当然，用户也可在绘

练习1-7 设定绘图区域大小

图过程中随时缩放（使用🔍工具）图形，以控制其在屏幕上的显示范围。

设定绘图区域大小有以下两种方法。

方法一： 将一个圆充满整个程序窗口显示，依据圆的尺寸就能轻易地估计出当前绘图区的大小了。

【练习 1-7】 设定绘图区域大小。

（1）单击【绘图】面板上的⊙按钮，AutoCAD 提示如下。

```
命令: _circle 指定圆的圆心或[三点（3P）/两点（2P）/相切、相切、半径（T）]:
                              //在屏幕的适当位置单击一点
指定圆的半径或[直径（D）]: 50            //输入圆半径
```

（2）单击导航栏上的🔍按钮或双击鼠标滚轮，直径为 $\phi100$ 的圆就充满整个程序窗口显示出来，如图 1-15 所示。

图 1-15 设定绘图区域大小（1）

方法二：用 LIMITS 命令设定绘图区域大小，该命令可以改变栅格的长宽尺寸及位置。所谓栅格是点在矩形区域中按行、列形式分布形成的图案，如图 1-16 所示。当栅格在程序窗口中显示出来后，用户就可根据栅格分布的范围估算出当前绘图区的大小了。

> 练习1-8 用LIMITS命令设定绘图区大小

【练习 1-8】 用 LIMITS 命令设定绘图区大小。

（1）选择菜单命令【格式】/【图形界限】，AutoCAD 提示如下。

```
命令：'_limits
指定左下角点或[开（ON）/关（OFF）] <0.0000,0.0000>:
        //任意单击一点 A，或输入点的 x、y 坐标值，如图 1-16 所示
指定右上角点<420.0000,297.0000>: @30000,20000
        //输入点 B 相对于点 A 的坐标，按 Enter 键（在后面的 2.1.2 小节中将介绍相对坐标）
```

（2）将鼠标光标移动到程序窗口下方的 ▦ 按钮上，单击鼠标右键，选择【设置】命令，打开【草图设置】对话框，取消对【显示超出界限的栅格】复选项的选择。

（3）关闭【草图设置】对话框，单击 ▦ 按钮，打开栅格显示，双击鼠标中键，使矩形栅格充满整个程序窗口。

（4）单击鼠标右键，选择【缩放】命令，按住鼠标左键向下拖动鼠标光标，使矩形栅格缩小，如图 1-16 所示。该栅格的长宽尺寸近似为 30000×20000。

图 1-16 设定绘图区域大小（2）

1.1.11　预览打开的文件及在文件间切换

AutoCAD 是一个多文档环境，用户可同时打开多个图形文件。要预览打开的文件及在文件间切换，可采用以下方法。

- 单击程序窗口底部的 按钮，显示出所有打开文件的预览图，如图 1-17 所示。已打开 3 个文件，预览图显示了 3 个文件中的图形。

图 1-17　预览文件及在文件间切换

- 单击某一预览图，就切换到该图形。

打开多个图形文件后，可利用【窗口】菜单（单击【快速访问】工具栏上的 按钮打开主菜单）控制多个文件的显示方式。例如，可将它们以层叠、水平或竖直排列等形式布置在主窗口中。

多文档设计环境具有 Windows 窗口的剪切、复制和粘贴等功能，因而可以快捷地在各个图形文件间复制、移动对象。如果考虑到复制的对象需要在其他的图形中准确定位，则还可在复制对象的同时指定基准点，这样在执行粘贴操作时就可根据基准点将图元复制到正确的位置。

1.1.12　在当前文件的模型空间及图纸空间切换

AutoCAD 提供了两种绘图环境：模型空间及图纸空间。默认情况下，AutoCAD 的绘图环境是模型空间。打开图形文件后，程序窗口中仅显示出模型空间中的图形。单击状态栏上的 按钮，出现【模型】、【布局 1】及【布局 2】3 个预览图，如图 1-18 所示，它们分别代表模型空间中的图形、"图纸 1"上的图形、"图纸 2"上的图形。单击其中之一，就切换到相应图形。

图 1-18　显示模型空间及图纸空间的预览图

1.1.13 上机练习——布置用户界面及设定绘图区域大小

【练习1-9】 布置用户界面，练习 AutoCAD 基本操作。

（1）启动 AutoCAD，显示出主菜单，打开【绘图】及【修改】工具栏并调整工具栏的位置，如图 1-19 所示。

练习1-9 布置用户界面及设定绘图区域大小

（2）在功能区的选项卡上单击鼠标右键，选择【浮动】命令，调整功能区的位置，如图 1-19 所示。

（3）单击状态栏上的 ⚙ 按钮，选择【草图与注释】选项。

（4）利用 AutoCAD 提供的样板文件 "acadiso.dwt" 创建新文件。

（5）设定绘图区域的大小为 1500×1200，并显示出该区域范围内的栅格。单击鼠标右键，选择【缩放】命令，再次单击鼠标右键，选择【范围缩放】命令，使栅格充满整个图形窗口显示出来。

（6）单击【绘图】工具栏上的 ⊙ 按钮，AutoCAD 提示如下。

图 1-19 布置用户界面

命令：_circle 指定圆的圆心或[三点（3P）/两点（2P）/相切、相切、半径（T）]：	
	//在屏幕上单击一点
指定圆的半径或[直径（D）] <30.0000>：1	//输入圆半径
命令：	//按 Enter 键重复上一个命令
CIRCLE 指定圆的圆心或[三点（3P）/两点（2P）/相切、相切、半径（T）]：	
	//在屏幕上单击一点
指定圆的半径或[直径（D）] <1.0000>：5	//输入圆半径
命令：	//按 Enter 键重复上一个命令
CIRCLE 指定圆的圆心或[三点（3P）/两点（2P）/相切、相切、半径（T）]：*取消*	
	//按 Esc 键取消命令

（7）单击导航栏上的 🔍 按钮，使圆充满整个绘图窗口。

（8）单击鼠标右键，选择【选项】命令，打开【选项】对话框，在【显示】选项卡的【圆弧和圆的平滑度】文本框中输入 "10000"。

（9）利用导航栏上的 ✋、🔍 工具移动和缩放图形。

（10）以文件名 "User.dwg" 保存图形。

1.2 设置图层、线型、线宽及颜色

可以将 AutoCAD 图层想象成透明胶片,用户把各种类型的图形元素画在这些胶片上,AutoCAD 将这些胶片叠加在一起显示出来,如图 1-20 所示。在图层 A 上绘制了挡板,在图层 B 上绘制了支架,在图层 C 上绘制了螺钉,最终显示结果是各层内容叠加后的效果。

图 1-20 图层

1.2.1 创建及设置建筑图的图层

AutoCAD 的图形对象总是位于某个图层上。默认情况下,当前层是 0 层,此时所画的图形对象在 0 层上。每个图层都有与其相关联的颜色、线型及线宽等属性信息,用户可以对这些信息进行设定或修改。

【练习 1-10】   创建以下图层并设置图层线型、线宽及颜色。

名称	颜色	线型	线宽
建筑-轴线	蓝色	Center	默认
建筑-柱网	白色	Continuous	默认
建筑-墙线	白色	Continuous	0.7
建筑-门窗	红色	Continuous	默认
建筑-楼梯	红色	Continuous	默认
建筑-阳台	红色	Continuous	默认
建筑-文字	白色	Continuous	默认
建筑-标注	白色	Continuous	默认

（1）单击【图层】面板上的 按钮,打开【图层特性管理器】对话框,再单击 按钮,列表框显示出名称为"图层 1"的图层,直接输入"建筑-轴线",按 Enter 键结束。

（2）再次按 Enter 键,又创建新图层。总共创建 8 个图层,结果如图 1-21 所示。图层"0"前有绿色标记"√",表示该图层是当前层。

（3）指定图层颜色。选中"建筑-门窗",单击与所选图层关联的图标 ■白色,打开【选择颜色】对话框,选择红色,如图 1-22 所示。再设置其他图层的颜色。

练习1-10 创建及设置建筑图的图层

图 1-21　创建图层　　　　　　　　　　图 1-22　【选择颜色】对话框

（4）给图层分配线型。默认情况下，图层线型是"Continuous"。选中"建筑-轴线"，单击与所选图层关联的"Continuous"，打开【选择线型】对话框，如图 1-23 所示，通过此对话框用户可以选择一种线型或从线型库文件中加载更多线型。

（5）单击 加载(L)... 按钮，打开【加载或重载线型】对话框，如图 1-24 所示。选择线型"Center"及"Dashed"，再单击 确定 按钮，这些线型就被加载到系统中。当前线型库文件是"acadiso.lin"，单击 文件(F)... 按钮，可选择其他的线型库文件。

图 1-23　【选择线型】对话框　　　　　图 1-24　【加载或重载线型】对话框

（6）返回【选择线型】对话框，选择"Center"，单击 确定 按钮，该线型就分配给"建筑-轴线"。

（7）设定线宽。选中"建筑-墙线"，单击与所选图层关联的图标 ── 默认，打开【线宽】对话框，指定线宽为"0.70mm"，如图 1-25 所示。

如果要使图形对象的线宽在模型空间中显示得更宽或更窄一些，可以调整线宽比例。在状态栏的＋按钮上单击鼠标右键，弹出快捷菜单，选择【设置】命令，打开【线宽设置】对话框，如图 1-26 所示，在【调整显示比例】分组框中移动滑块来改变显示比例值。

图 1-25　【线宽】对话框　　　　　　　图 1-26　【线宽设置】对话框

（8）指定当前层。选中"建筑-墙线"，单击 按钮，图层前出现绿色标记"√"，说明"建筑-墙线"变为当前层。

（9）关闭【图层特性管理器】对话框，单击【绘图】面板上的 按钮，绘制任意几条线段，这些线条的颜色为黑色，线宽为 0.7mm。单击状态栏上的 按钮，这些线条显示出线宽。

（10）设定"建筑-轴线"或"建筑-门窗"为当前层，绘制线段，观察效果。

 中心线及虚线中的短画线及空格大小可通过线型全局比例因子（LTSCALE）调整，详见 1.2.4 小节。

1.2.2　控制图层状态

每个图层都具有打开与关闭、冻结与解冻、锁定与解锁、打印与不打印等状态，通过改变图层状态，就能控制图层上对象的可见性及可编辑性等。用户可利用【图层特性管理器】对话框或【图层】面板上的【图层控制】下拉列表对图层状态进行控制，如图 1-27 所示。

图 1-27　图层状态

下面对图层状态做简要说明。

- 打开/关闭：单击 图标，将关闭或打开某一图层。打开的图层是可见的，而关闭的图层则不可见，也不能被打印。当图形重新生成时，被关闭的层将一起被生成。

- 解冻/冻结：单击 图标，将冻结或解冻某一图层。解冻的图层是可见的，冻结的图层为不可见，也不能被打印。当重新生成图形时，系统不再重新生成该层上的对象，因而冻结一些图层后，可以加快许多操作的速度。

- 解锁/锁定：单击 图标，将锁定或解锁图层。被锁定的图层是可见的，但图层上的对象不能被编辑。

- 打印/不打印：单击 图标，就可以设定图层是否被打印。

1.2.3　修改对象图层、颜色、线型和线宽

用户通过【特性】面板上的【颜色控制】、【线型控制】和【线宽控制】下拉列表可以方便地修改或设置对象的颜色、线型及线宽等属性，如图 1-28 所示。默认情况下，这 3 个列表框中显示"BYLAYER"，BYLAYER 的意思是所绘对象的颜色、线型及线宽等属性与当前层所设定的完全相同。

当要设置将要绘制的对象的颜色、线型及线宽等属性时，可直接在【颜色控制】、【线型控制】和【线宽控制】下拉列表中选择相应的选项。

若要修改已有对象的颜色、线型及线宽等属性时，可先选择对象，然后在【颜色控制】、【线型控制】和【线宽控制】下拉列表中选择新的颜色、线型及线宽即可。

图 1-28　【颜色控制】、【线型控制】、【线宽控制】下拉列表

【练习1-11】　控制图层状态、切换图层、修改对象所在的图层及改变对象的线型和线宽。

（1）打开素材文件 "dwg\第 1 章\1-11.dwg"。

练习1-11　控制图层状态及修改对象属性

（2）打开【图层】面板中的【图层控制】下拉列表，选择 "PUB_WALL" 层，则该层成为当前层。

（3）打开【图层控制】下拉列表，单击 "PUB_DIM" 层前面的💡图标，然后将鼠标光标移出下拉列表并单击一点，关闭该图层，则层上的对象变为不可见。

（4）打开【图层控制】下拉列表，单击 "WALL" 层及 "HATCH" 层前面的☼图标，然后将鼠标光标移出下拉列表并单击一点，冻结这两个图层，则层上的对象变为不可见。

（5）选中所有黄色线条，则【图层控制】下拉列表显示这些线条所在的图层——"WINDOW_TEXT" 层。在该列表中选择 "WINDOW" 层，操作结束后，列表框自动关闭，被选对象转移到中心线层上。

（6）展开【图层控制】下拉列表，单击 "PUB_DIM" 层前面的💡图标，再单击 "WALL" 层及 "HATCH" 层前面的❄图标，打开这些图层，则 3 个图层上的对象变为可见。

（7）选中所有图形对象，打开【特性】面板上的【颜色控制】下拉列表，从列表中选择蓝色，则所有对象变为蓝色。改变对象线型及线宽的方法与修改对象颜色类似。

1.2.4　修改非连续线的外观

非连续线是由短横线、空格等构成的重复图案，图案中的短线长度、空格大小由线型比例控制。用户绘图时常会遇到这样一种情况：本来想画虚线或点画线，但最终绘制出的线型看上去却和连续线一样，出现这种现象的原因是线型比例设置得太大或太小。

LTSCALE 是控制线型外观的全局比例因子，它将影响图样中所有非连续线型的外观，其值增加时，将使非连续线中短横线及空格加长，否则，会使它们缩短。图 1-29 所示为使用不同比例因子时虚线及点画线的外观。

LTSCALE=1.5　　　　LTSCALE=3.0

图 1-29　全局线型比例因子对非连续线外观的影响

练习1-12　改变线型全局比例因子

【练习1-12】　改变线型全局比例因子。

（1）打开【特性】面板上的【线型控制】下拉列表，在列表中选择【其他】选项，打开【线型管理器】对话框，再单击 显示细节(D) 按钮，则该对话框底部出现【详细信息】分组框，如图 1-30 所示。

图 1-30　【线型管理器】对话框

（2）在【详细信息】分组框的【全局比例因子】文本框中输入新的比例值。

1.2.5　上机练习——使用图层及修改线型比例

【练习 1-13】　这个练习的内容包括创建图层、改变图层状态、将图形对象修改到其他图层上及修改线型比例等。

练习1-13　使用图层及修改线型比例

（1）打开素材文件 "dwg\第 1 章\1-13.dwg"。
（2）创建以下图层。

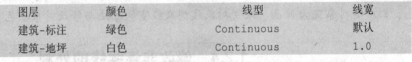

图层	颜色	线型	线宽
建筑-标注	绿色	Continuous	默认
建筑-地坪	白色	Continuous	1.0

（3）关闭"建筑-轮廓""建筑-装饰"及"建筑-窗洞"层，将尺寸标注及地坪线分别修改到"建筑-标注"及"建筑-地坪"层上。

（4）修改全局线型比例因子为 100，然后打开"建筑-轮廓""建筑-装饰"及"建筑-窗洞"层。

（5）将建筑轮廓线的线宽修改为 0.7。

习　题

1. 以下练习内容包括重新布置用户界面、恢复用户界面及切换工作空间等。
（1）显示主菜单，移动功能区并改变功能区的形状，如图 1-31 所示。
（2）打开【绘图】、【修改】、【对象捕捉】及【建模】工具栏，移动所有工具栏的位置，并调整【建模】工具栏的形状，如图 1-31 所示。
（3）单击状态栏上的 按钮，选择【草图与注释】选项，用户界面恢复成原始布置。
（4）单击状态栏上的 按钮，选择【AutoCAD 经典】选项，切换至"AutoCAD 经典"工作空间。

图 1-31　重新布置用户界面

2.　以下的练习内容包括创建及存储图形文件、新建图层、熟悉 AutoCAD 命令执行过程及快速查看图形等。

（1）利用 AutoCAD 提供的样板文件"acadiso.dwt"创建新文件。

（2）进入"AutoCAD 经典"工作空间，用 LIMITS 命令设定绘图区域的大小为 10000 × 10000。

（3）仅显示出绘图区域范围内的栅格，并使栅格充满整个图形窗口显示出来。

（4）创建以下图层。

名称	颜色	线型	线宽
建筑-轮廓	白色	Continuous	0.70
建筑-轴线	红色	Center	默认

（5）切换到轮廓线层，单击【绘图】面板上的 ⊙ 按钮，AutoCAD 提示如下。

命令：_circle 指定圆的圆心或 [三点（3P）/两点（2P）/相切、相切、半径（T）]：	
	//在绘图区中单击一点
指定圆的半径或 [直径（D）] <30.0000>：50	//输入圆半径
命令：	//按 Enter 键重复上一个命令
CIRCLE 指定圆的圆心或 [三点（3P）/两点（2P）/相切、相切、半径（T）]：	
	//在屏幕上单击一点
指定圆的半径或 [直径（D）] <50.0000>：100	//输入圆半径
命令：	//按 Enter 键重复上一个命令
CIRCLE 指定圆的圆心或 [三点（3P）/两点（2P）/相切、相切、半径（T）]：*取消*	
	//按 Esc 键取消命令

（6）使圆充满整个绘图窗口显示，然后单击导航栏上的 🔍 按钮，返回上一次的显示。

（7）单击【绘图】面板上的 ／ 按钮，绘制任意几条线段，然后将这些线段修改到"建筑-轴线"层上。

（8）利用【特性】面板上的【线型控制】下拉列表将线型全局比例因子修改为 50。

（9）单击导航栏上的 🔍 按钮，使图形充满整个绘图窗口。

（10）利用导航栏上的 🖐 、🔍 工具来移动和缩放图形。

（11）以文件名"User.dwg"保存图形。

3．下面这个练习的内容包括创建图层、控制图层状态、将图形对象修改到其他图层上、改变对象的颜色及线型等。

（1）打开素材文件"dwg\第1章\1-14.dwg"。

（2）创建以下图层。

名称	颜色	线型	线宽
建筑-轴线	蓝色	Center	默认
建筑-墙线	白色	Continuous	0.7
建筑-门窗	红色	Continuous	默认
建筑-楼梯	白色	Continuous	默认
建筑-标注	绿色	Continuous	默认

（3）将图形中的轴线、标注、墙体、门窗及楼梯等修改到对应图层上。

（4）通过【特性】面板上的【颜色控制】下拉列表把楼梯修改为蓝色。

（5）通过【特性】面板上的【线型控制】下拉列表将墙体线的线型修改为 Dashed。

（6）修改全局线型比例因子为 1000。

（7）将墙体线的线宽修改为 1.0mm。

（8）关闭或冻结"建筑-标注"层。

第2章
绘制和编辑平面图形（一）

【学习目标】

- 掌握输入点的绝对坐标或相对坐标画线。
- 掌握结合对象捕捉、极轴追踪及自动追踪功能画线的方法。
- 熟练绘制平行线及任意角度斜线。
- 掌握修剪、打断线条及调整线条长度的方法。
- 能够画圆、圆弧连接及圆的切线。
- 学会如何倒圆角及倒角。
- 掌握移动、复制及旋转对象的方法。

通过本章的学习，读者将掌握绘制线段、斜线、平行线、圆及圆弧连接的方法，并能够灵活运用相应的命令绘制常见平面图形。

2.1
绘制线段的方法（一）

本节主要内容包括输入相对坐标画线、捕捉几何点、修剪线条及延伸线条等。

2.1.1 课堂实训——用 LINE 命令绘制小住宅立面图主要轮廓线

本实训的任务是绘制图 2-1 所示的建筑立面图，该立面图由水平、竖直及倾斜线段构成。启动 LINE 命令，通过输入点的坐标或利用对象捕捉、极轴追踪和自动追踪等工具绘制线段。

练习2-1 用LINE命令绘制线段

【练习 2-1】 绘制小住宅立面图，如图 2-1 所示。

（1）设定绘图区域的大小为 20000×20000。

（2）打开极轴追踪、对象捕捉及自动追踪功能。设置极轴追踪角度增量为 "90"，设定对象捕捉方式为 "端点" "交点"，设置仅沿正交方向自动追踪。

（3）使用 LINE 命令，通过输入线段长度绘制出线段 *AB*、*CD* 等，如图 2-2 所示。

（4）利用画线辅助工具绘制线段 *KL*、*LM* 等，如图 2-3 所示。

图 2-1　小住宅立面图

图 2-2　绘制线段 *AB*、*CD* 等

（5）用类似的方法绘制出其余线段，结果如图 2-4 所示。

图 2-3　绘制线段 *KL*、*LM* 等

图 2-4　绘制其余线段

2.1.2　输入点的坐标绘制线段

LINE 命令可在二维或三维空间中创建线段。发出命令后，用户通过鼠标光标指定线段的端点或利用键盘输入端点坐标，AutoCAD 就将这些点连接成线段。

常用的点坐标形式如下。

- 绝对直角坐标或相对直角坐标。绝对直角坐标的输入格式为"*X,Y*"，相对直角坐标的输入格式为"@*X,Y*"。*X* 表示点的 *x* 坐标值，*Y* 表示点的 *y* 坐标值，两坐标值之间用","号分隔开。例如，（−60，30）和（40，70）分别表示图 2-5 所示的点 *A* 和点 *B*。

- 绝对极坐标或相对极坐标。绝对极坐标的输入格式为"*R*<*α*"，相对极坐标的输入格式为"@*R*<*α*"。*R* 表示点到原点的距离，*α* 表示极轴方向与 *x* 轴正向间的夹角。若从 *x* 轴正向逆时针旋转到极轴方向，则 *α* 角为正；否则，*α* 角为负。例如，（70<120）和（50<−30）分别表示图 2-5

图 2-5　点的坐标

所示的点 *C* 和点 *D*。

画线时若只输入"<α"，而不输入"*R*"，则表示沿α角度方向绘制任意长度的线段，这种画线方式称为角度覆盖方式。

1. 命令启动方法

- 菜单命令：【绘图】/【直线】。
- 面板：【默认】选项卡中【绘图】面板上的 ✏ 按钮。
- 命令：LINE 或简写 L。

【练习2-2】 图形左下角点的绝对坐标及图形尺寸如图 2-6 所示，下面用 LINE 命令绘制此图形。

练习2-2 输入点的坐标绘制线段

（1）设定绘图区域大小为 80×80，该区域左下角点的坐标为（190，150），右上角点的相对坐标为（@80，80）。双击鼠标滚轮，使绘图区域充满整个图形窗口显示出来。

（2）单击【绘图】面板上的 ✏ 按钮或输入命令代号 LINE，启动画线命令。

```
命令：_line指定第一点：200,160                  //输入点A的绝对直角坐标,如图2-7所示
指定下一点或[放弃(U)]：@66,0                     //输入点B的相对直角坐标
指定下一点或[放弃(U)]：@0,48                      //输入点C的相对直角坐标
指定下一点或[闭合(C)/放弃(U)]：@-40,0            //输入点D的相对直角坐标
指定下一点或[闭合(C)/放弃(U)]：@0,-8             //输入点E的相对直角坐标
指定下一点或[闭合(C)/放弃(U)]：@-17,0            //输入点F的相对直角坐标
指定下一点或[闭合(C)/放弃(U)]：@26<-110          //输入点G的相对极坐标
指定下一点或[闭合(C)/放弃(U)]：c                  //使线框闭合
```

结果如图 2-7 所示。

图 2-6 输入点的坐标画线

图 2-7 绘制线段 *AB*、*BC* 等

（3）绘制图形的其余部分。

2. 命令选项

- 指定第一点：在此提示下，用户需指定线段的起始点，若此时按 Enter 键，则 AutoCAD 将以上一次所绘制线段或圆弧的终点作为新线段的起点。
- 指定下一点：在此提示下，输入线段的端点，按 Enter 键后，AutoCAD 继续提示"指定下一点"，用户可输入下一个端点。若在"指定下一点"提示下按 Enter 键，则命令结束。

- 放弃（U）：在"指定下一点"提示下，输入字母"U"，将删除上一条线段，多次输入"U"，则会删除多条线段。该选项可以及时纠正绘图过程中的错误。
- 闭合（C）：在"指定下一点"提示下，输入字母"C"，AutoCAD 将使连续折线自动封闭。

2.1.3 使用对象捕捉精确绘制线段

在用 LINE 命令绘制线段的过程中，可启动对象捕捉功能，以拾取一些特殊的几何点，如端点、圆心、切点等。【对象捕捉】工具栏中包含了各种对象捕捉工具，其中常用捕捉工具的功能及命令代号如表 2-1 所示。

表 2-1　　　　　　　　　　　　　　对象捕捉工具及代号

捕捉按钮	代　号	功　　能
	FROM	正交偏移捕捉。先指定基点，再输入相对坐标来确定新点
	END	捕捉端点
	MID	捕捉中点
	INT	捕捉交点
	EXT	捕捉延伸点。从线段端点开始沿线段方向捕捉一点
	CEN	捕捉圆、圆弧及椭圆的中心
	QUA	捕捉圆、椭圆的 0°、90°、180° 或 270° 处的点——象限点
	TAN	捕捉切点
	PER	捕捉垂足
	PAR	平行捕捉。先指定线段起点，再利用平行捕捉绘制平行线
无	M2P	捕捉两点间连线的中点

【练习 2-3】　打开素材文件"dwg\第 2 章\2-3.dwg"，如图 2-8（a）所示，使用 LINE 命令将其修改为图 2-8（b）所示的图形。

（a）　　　　　　　　　　　　　　　（b）

图 2-8　捕捉几何点

（1）单击状态栏上的 □ 按钮，打开自动捕捉方式，在此按钮上单击鼠标右键，弹出快捷菜单，选择【设置】命令，打开【草图设置】对话框，在该对话框的【对象捕捉】选项卡中设置自动捕捉类型为"端点""中点"及"交点"，如图 2-9 所示。

图 2-9　【草图设置】对话框

（2）绘制线段 *BC*、*BD*。点 *B* 的位置用正交偏移捕捉确定。

命令：_line 指定第一点：from	//输入正交偏移捕捉代号"FROM"，按 Enter 键
基点：	//将鼠标光标移动到点 A 处，AutoCAD 自动捕捉该点，单击鼠标左键确认
<偏移>：@6,-6	//输入点 B 的相对坐标
指定下一点或[放弃(U)]：tan 到	//输入切点捕捉代号"TAN"并按 Enter 键，捕捉切点 C
指定下一点或[放弃(U)]：	//按 Enter 键结束
命令：	//重复命令
LINE 指定第一点：	//自动捕捉端点 B
指定下一点或[放弃(U)]：	//自动捕捉端点 D
指定下一点或[放弃(U)]：	//按 Enter 键结束

结果如图 2-8（b）所示。

（3）绘制线段 *EH*、*IJ*。

命令：_line 指定第一点：	//自动捕捉中点 E
指定下一点或[放弃(U)]：m2p	//输入捕捉代号"M2P"，按 Enter 键
中点的第一点：	//自动捕捉端点 F
中点的第二点：	//自动捕捉端点 G
指定下一点或[放弃(U)]：	//按 Enter 键结束
命令：	//重复命令
LINE 指定第一点：qua 于	//输入象限点捕捉代号"QUA"，捕捉象限点 I
指定下一点或[放弃(U)]：per 到	//输入垂足捕捉代号"PER"，捕捉垂足 J
指定下一点或[放弃(U)]：	//按 Enter 键结束

结果如图 2-8（b）所示。

（4）绘制线段 *LM*、*MN*。

命令：_line 指定第一点：EXT	//输入延伸点捕捉代号"EXT"并按 Enter 键
于 8	//从点 K 开始沿线段进行追踪，输入点 L 与点 K 的距离
指定下一点或[放弃(U)]：PAR	//输入平行偏移捕捉代号"PAR"并按 Enter 键
到 8	//将鼠标光标从线段 KO 处移动到 LM 处，再输入 LM 线段的长度
指定下一点或[放弃(U)]：	//自动捕捉端点 N
指定下一点或[闭合(C)/放弃(U)]：	//按 Enter 键结束

结果如图 2-8（b）所示。

调用对象捕捉功能的方法有以下 3 种。

（1）绘图过程中，当 AutoCAD 提示输入一个点时，用户可单击捕捉按钮或输入捕捉命令代号来启动对象捕捉，然后将鼠标光标移动到要捕捉的特征点附近，AutoCAD 就自动捕捉该点。

（2）利用快捷菜单。发出 AutoCAD 命令后，按下 Shift 键并单击鼠标右键，在弹出的快捷菜单中选择捕捉何种类型的点。

（3）前面所述的捕捉方式仅对当前操作有效，命令结束后，捕捉模式自动关闭，这种捕捉方式称为覆盖捕捉方式。除此之外，用户还可以采用自动捕捉方式来定位点，按下状态栏上的□按钮，就可以打开此方式。

2.1.4　利用正交模式辅助绘制线段

单击状态栏上的⊾按钮，打开正交模式。在正交模式下，鼠标光标只能沿水平或竖直方向移动。画线时若同时打开该模式，则只需输入线段的长度值，AutoCAD 就自动绘制出水平或竖直线段。

当调整水平或竖直方向线段的长度时，可利用正交模式限制鼠标光标的移动方向。选择线段，线段上出现关键点（实心矩形点），选中端点处的关键点后，移动鼠标光标，AutoCAD 就沿水平或竖直方向改变线段的长度。

2.1.5　结合对象捕捉、极轴追踪及自动追踪功能绘制线段

首先简要说明 AutoCAD 极轴追踪及自动追踪功能，然后通过练习掌握它们。

1. 极轴追踪

打开极轴追踪功能并启动 LINE 命令后，鼠标光标就沿用户设定的极轴方向移动，AutoCAD 在该方向上显示一条追踪辅助线及光标点的极坐标值，如图 2-10 所示。输入线段的长度后，按 Enter 键，就绘制出指定长度的线段。

2. 自动追踪

自动追踪是指 AutoCAD 从一点开始自动沿某一方向进行追踪，追踪方向上将显示一条追踪辅助线及光标点的极坐标值。输入追踪距离，按 Enter 键，就确定新的点。在使用自动追踪功能时，必须打开对象捕捉。AutoCAD 首先捕捉一个几何点作为追踪参考点，然后沿水平方向、竖直方向或设定的极轴方向进行追踪，如图 2-11 所示。

图 2-10　极轴追踪　　　　　　图 2-11　自动追踪

【练习 2-4】　打开素材文件"dwg\第 2 章\2-4.dwg"，如图 2-12（a）所示，用 LINE 命令并结合极轴追踪、对象捕捉及自动追踪功能将其修改为图 2-12（b）所示的图形。

图 2-12　利用极轴追踪、对象捕捉及自动追踪功能画线

（1）打开对象捕捉，设置自动捕捉类型为"端点""中点""圆心"及"交点"，再设定线型全局比例因子为 0.2。

（2）在状态栏的 按钮上单击鼠标右键，在弹出的快捷菜单中选择【设置】命令，打开【草图设置】对话框，进入【极轴追踪】选项卡，在该选项卡的【增量角】下拉列表中设定极轴角增量为"90"，如图 2-13 所示。此后，若用户打开极轴追踪画线，则鼠标光标将自动沿 0°、90°、180°及 270°方向进行追踪，再输入线段长度值，AutoCAD 就在该方向上画出线段，最后单击 确定 按钮，关闭【草图设置】对话框。

图 2-13　【草图设置】对话框

（3）单击状态栏上的 、 及 按钮，打开极轴追踪、对象捕捉及自动追踪功能。

（4）切换到轮廓线层，绘制线段 BC、EF 等，如图 2-14 所示。

命令： _line 指定第一点：	//从中点 A 向上追踪到点 B
指定下一点或[放弃(U)]：	//从点 B 向下追踪到点 C
指定下一点或[放弃(U)]：	//按 Enter 键结束
命令：	//重复命令
LINE 指定第一点：11	//从点 D 向上追踪并输入追踪距离
指定下一点或[放弃(U)]：25	//从点 E 向右追踪并输入追踪距离
指定下一点或[放弃(U)]： 6	//从点 F 向上追踪并输入追踪距离
指定下一点或[闭合(C)/放弃(U)]：	//从点 G 向右追踪并以点 I 为追踪参考点确定点 H
指定下一点或[闭合(C)/放弃(U)]：	//从点 H 向下追踪并捕捉交点 J
指定下一点或[闭合(C)/放弃(U)]：	//按 Enter 键结束

结果如图 2-14 所示。

图 2-14　绘制线段 *BC*、*EF* 等

（5）绘制图形的其余部分，然后修改某些对象所在的图层。

2.1.6　剪断线条

使用 TRIM 命令可将多余线条修剪掉。启动该命令后，用户首先指定一个或几个对象作为剪切边（可以想象为剪刀），然后选择被修剪的部分。

1. 命令启动方法

- 菜单命令：【修改】/【修剪】。
- 面板：【默认】选项卡中【修改】面板上的　按钮。
- 命令：TRIM 或简写 TR。

【练习 2-5】　练习 TRIM 命令的使用。

（1）打开素材文件"dwg\第 2 章\2-5.dwg"，如图 2-15（a）所示，用 TRIM 命令将其修改为图 2-15（b）所示的图形。

练习2-5　剪断线条

（a）

（b）

图 2-15　练习 TRIM 命令

（2）单击【修改】面板上的　按钮或输入命令代号 TRIM，启动修剪命令。

命令: _trim	
选择对象或 <全部选择>: 找到 1 个	//选择剪切边 A，如图 2-16（a）所示
选择对象:	//按 Enter 键
选择要修剪的对象，或按住 Shift 键选择要延伸的对象，或 [栏选（F）/窗交（C）/投影（P）/边（E）/删除（R）/放弃（U）]:	//在点 B 处选择要修剪的多余线条
选择要修剪的对象，或按住 Shift 键选择要延伸的对象，或 [栏选（F）/窗交（C）/投影（P）/边（E）/删除（R）/放弃（U）]:	//按 Enter 键结束
命令: TRIM	//重复命令

选择对象:总计 2 个	//选择剪切边 C、D
选择对象:	//按 Enter 键
选择要修剪的对象或[/边（E）]: e	//选择"边（E）"选项
输入隐含边延伸模式[延伸（E）/不延伸（N）]<不延伸>: e	//选择"延伸（E）"选项
选择要修剪的对象:	//在点 E、点 F 及点 G 处选择要修剪的部分
选择要修剪的对象:	//按 Enter 键结束

结果如图 2-16（b）所示。

 为简化说明，仅将第 2 个 TRIM 命令与当前操作相关的提示信息罗列出来，而将其他信息省略，这种讲解方式在后续的例题中也将采用。

（a） （b）

图 2-16 修剪对象

（3）利用 TRIM 命令修剪图中的其他多余线条。

2. 命令选项

- 按住 Shift 键选择要延伸的对象：将选定的对象延伸至剪切边。
- 栏选（F）：用户绘制连续折线，与折线相交的对象被修剪。
- 窗交（C）：利用交叉窗口选择对象。
- 投影（P）：该选项可以使用户指定执行修剪的空间。例如，三维空间中的两条线段呈交叉关系，用户可利用该选项假想将其投影到某一平面上执行修剪操作。
- 边（E）：如果剪切边太短，没有与被修剪对象相交，就利用此选项假想将剪切边延长，然后执行修剪操作。
- 删除（R）：不退出 TRIM 命令就能删除选定的对象。
- 放弃（U）：若修剪有误，可输入字母"U"，撤销修剪。

2.1.7 延伸线条

利用 EXTEND 命令可以将线段、曲线等对象延伸到一个边界对象，使其与边界对象相交。有时对象延伸后并不与边界直接相交，而是与边界的延长线相交。

1. 命令启动方法

- 菜单命令：【修改】/【延伸】。
- 面板：【默认】选项卡中【修改】面板上的 按钮。
- 命令：EXTEND 或简写 EX。

【练习2-6】 练习 EXTEND 命令的使用。

练习2-6 延伸线条

（1）打开素材文件"dwg\第2章\2-6.dwg"，如图2-17（a）所示，用EXTEND及TRIM命令将其修改为图2-17（b）所示的图形。

图2-17　练习EXTEND命令

（2）单击【修改】面板上的 按钮或输入命令代号EXTEND，启动延伸命令。

```
命令: _extend
选择对象或 <全部选择>:  找到1个                      //选择边界线段A，如图2-18（a）图所示
选择对象:                                          //按 Enter 键
选择要延伸的对象，或按住 Shift 键选择要修剪的对象，或
[栏选（F）/窗交（C）/投影（P）/边（E）/放弃（U）]:      //选择要延伸的线段B
选择要延伸的对象，或按住 Shift 键选择要修剪的对象，或
[栏选（F）/窗交（C）/投影（P）/边（E）/放弃（U）]:      //按 Enter 键结束
命令: EXTEND                                        //重复命令
选择对象:总计2个                                     //选择边界线段A、C
选择对象:                                           //按 Enter 键
选择要延伸的对象或[/边（E）]:  e                      //选择"边（E）"选项
输入隐含边延伸模式[延伸（E）/不延伸（N）] <不延伸>: e    //选择"延伸（E）"选项
选择要延伸的对象:                                    //选择要延伸的线段A、C
选择要延伸的对象:                                    //按 Enter 键结束
```

结果如图2-18（b）所示。

图2-18　延伸及修剪线条

（3）利用EXTEND及TRIM命令继续修改图形中的其他部分。

2. 命令选项

- 按住 Shift 键选择要修剪的对象：将选择的对象修剪到边界，而不是将其延伸。
- 栏选（F）：用户绘制连续折线，与折线相交的对象被延伸。
- 窗交（C）：利用交叉窗口选择对象。
- 投影（P）：该选项使用户可以指定延伸操作的空间。对于二维绘图来说，延伸操作是在当前用户坐标平面（xy平面）内进行的。在三维空间作图时，用户可通过该选项将两个交叉对象投影到xy平面或当前视图平面内执行延伸操作。
- 边（E）：当边界边太短且延伸对象后不能与其直接相交时，就打开该选项，此时，

AutoCAD 假想将边界边延长，然后延伸线条到边界边。

- 放弃（U）：取消上一次的操作。

2.1.8　调整线条长度

调整线条长度，可采取以下两种方法。

（1）打开极轴追踪或正交模式，选择线段，线段上出现关键点（实心矩形点），选中端点处的关键点后，移动鼠标光标，AutoCAD 就沿水平或竖直方向改变线段的长度。

（2）LENGTHEN 命令可一次改变线段、圆弧、椭圆弧等多个对象的长度。使用此命令时，经常采用的选项是"动态"，即直观地拖动对象来改变其长度。

1．命令启动方法

- 菜单命令：【修改】/【拉长】。
- 面板：【默认】选项卡中【修改】面板上的 按钮。
- 命令：LENGTHEN 或简写 LEN。

练习2-7　调整线条长度

【练习2-7】　打开素材文件"dwg\第 2 章\2-7.dwg"，如图 2-19（a）所示，用 LENGTHEN 等命令将其修改为图 2-19（b）所示的图形。

（1）用 LENGTHEN 命令调整线段 A、B 的长度，如图 2-20 所示。

```
命令：_lengthen
选择对象或[增量（DE）/百分数（P）/全部（T）/动态（DY）]：dy
                                //使用"动态（DY）"选项
选择要修改的对象或[放弃（U）]：    //在线段 A 的上端选中对象
指定新端点：                      //向下移动鼠标光标，单击一点
选择要修改的对象或[放弃（U）]：    //在线段 B 的上端选中对象
指定新端点：                      //向下移动鼠标光标，单击一点
选择要修改的对象或[放弃（U）]：    //按 Enter 键结束
```

结果如图 2-20（b）所示。

（a）　　　　　　　（b）

图 2-19　调整线条长度

（a）　　　　　　　（b）

图 2-20　调整线段 A、B 的长度

（2）用 LENGTHEN 命令调整其他定位线的长度，然后将定位线修改到中心线层上。

2．命令选项

- 增量（DE）：以指定的增量值改变线段或圆弧的长度。对于圆弧，还可通过设定角度增量改变其长度。
- 百分数（P）：以对象总长度的百分比形式改变对象长度。

- 全部（T）：通过指定线段或圆弧的新长度来改变对象总长。
- 动态（DY）：拖动鼠标光标就可以动态地改变对象长度。

2.1.9　打断线条

BREAK 命令可以删除对象的一部分，常用于打断线段、圆、圆弧及椭圆等。此命令既可以在一个点处打断对象，也可以在指定的两点间打断对象。

1．命令启动方法

- 菜单命令：【修改】/【打断】。

练习2-8　打断线条

- 面板：【默认】选项卡中【修改】面板上的 按钮。
- 命令：BREAK 或简写 BR。

【练习 2-8】　打开素材文件"dwg\第 2 章\2-8.dwg"，如图 2-21（a）所示，用 BREAK 等命令将其修改为图 2-21（b）所示的图形。

（1）用 BREAK 命令打断线条，如图 2-22 所示。

命令：_break 选择对象：	//在点 A 处选择对象，如图 2-22（a）所示
指定第二个打断点 或[第一点（F）]：	//在点 B 处选择对象
命令：	//重复命令
BREAK 选择对象：	//在点 C 处选择对象
指定第二个打断点 或[第一点（F）]：	//在点 D 处选择对象
命令：	//重复命令
BREAK 选择对象：	//选择线段 E
指定第二个打断点 或[第一点（F）]：f	//使用"第一点（F）"选项
指定第一个打断点：int 于	//捕捉交点 F
指定第二个打断点：@	//输入相对坐标符号，按 Enter 键，在同一点打断对象

再将线段 E 修改到虚线层上，结果如图 2-22（b）所示。

（2）用 BREAK 等命令修改图形的其他部分。

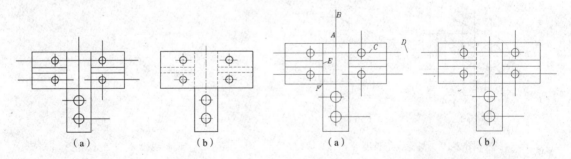

（a）　　　　　　（b）　　　　　　　　　　（a）　　　　　　（b）

图 2-21　打断线条　　　　　　　图 2-22　打断线条及改变对象所在的图层

2．命令选项

- 指定第二个打断点：在图形对象上选取第二点后，AutoCAD 将第一打断点与第二打断点间的部分删除。
- 第一点（F）：该选项使用用户可以重新指定第一打断点。

2.1.10 上机练习——输入坐标及利用画线辅助工具画线

【练习2-9】 启动 LINE、TRIM 等命令，通过输入点坐标方式绘制平面图形，如图 2-23 所示。

【练习2-10】 输入坐标并结合极轴追踪、对象捕捉及自动追踪功能画线，如图 2-24 所示。

练习2-9 输入点坐标画线

图 2-23 输入点坐标画线

图 2-24 输入点坐标并利用辅助工具画线（1）

【练习2-11】 输入坐标并结合极轴追踪、对象捕捉及自动追踪功能画线，如图 2-25 所示。

图 2-25 输入点坐标并利用辅助工具画线（2）

练习2-10 输入点坐标并利用辅助工具画线(1)

练习2-11 输入点坐标并利用辅助工具画线(2)

2.2

绘制线段的方法（二）

工程图中的线段主要可分为 3 类：平行线、斜线及垂线，本节将介绍这 3 类线段的绘制方法。

2.2.1 课堂实训——用 LINE、OFFSET 及 TRIM 命令绘制建筑立面图

实训的任务是绘制图 2-26 所示的建筑立面图，该立面图由水平、竖直及倾斜线段构成。首先绘制作图基准线，然后利用 OFFSET 和 TRIM 命令快速生成图形。

【练习 2-12】 用 LINE、OFFSET 及 TRIM 命令绘制建筑立面图，如图 2-26 所示。

图 2-26 绘制建筑立面图

（1）设定绘图区域大小为 30000 × 20000。

（2）打开极轴追踪、对象捕捉及自动追踪功能。指定极轴追踪角度增量为 90°，设定对象捕捉方式为"端点""交点"，设置仅沿正交方向自动追踪。

（3）用 LINE 命令画水平及竖直的作图基准线 A、B，如图 2-27 所示。线段 A 的长度约为 20000，线段 B 的长度约为 10000。

（4）以线段 A、B 为基准线，用 OFFSET 命令绘制平行线 C、D、E 和 F 等，如图 2-28（a）所示。

向右偏移线段 B 至 C，偏移距离为 4800。

向右偏移线段 C 至 D，偏移距离为 5600。

向右偏移线段 D 至 E，偏移距离为 7000。

向上偏移线段 A 至 F，偏移距离为 3600。

向上偏移线段 F 至 G，偏移距离为 3600。

修剪多余线条，结果如图 2-28（b）所示。

图 2-27 绘制作图基准线

图 2-28 绘制平行线 C、D、E 和 F 等

（5）用 XLINE 命令绘制作图基准线 H、I、J 和 K，如图 2-29 所示。

```
命令：_xline 指定点或[水平（H）/垂直（V）/角度（A）/二等分（B）/偏移（O）]: o
                                          //使用"偏移（O）"选项
```

指定偏移距离或[通过（T）] <3600.0000>: 10110	//输入偏移距离
选择直线对象:	//选择线段 L
指定向哪侧偏移:	//在线段 L 的上边单击一点
选择直线对象:	//按 Enter 键结束
命令:	//重复命令
XLINE 指定点或[水平（H）/垂直（V）/角度（A）/二等分（B）/偏移（O）]: o	
	//使用"偏移（O）"选项
指定偏移距离或[通过（T）] <10110.0000>: 9500	//输入偏移距离
选择直线对象:	//选择线段 M
指定向哪侧偏移:	//在线段 M 的右边单击一点
选择直线对象:	//按 Enter 键结束
命令:	//重复命令
XLINE 指定点或[水平（H）/垂直（V）/角度（A）/二等分（B）/偏移（O）]:	
	//捕捉点 N
指定通过点: @8350,-7260	//输入直线 J 上一点的相对坐标
指定通过点: @-5120,-3700	//输入直线 K 上一点的相对坐标
指定通过点:	//按 Enter 键结束

结果如图 2-29 所示。

（6）以直线 I、J 和 K 为基准线，用 OFFSET、TRIM 等命令形成图形细节 O，结果如图 2-30 所示。

（7）以线段 A、B 为基准线，用 OFFSET 和 TRIM 命令绘制图形细节 P，结果如图 2-31 所示。

图 2-29　绘制基准线 H、I、J、K

图 2-30　绘制图形细节 O

图 2-31　绘制图形细节 P

（8）用同样的方法绘制图形的其余细节。

2.2.2　绘制平行线

OFFSET 命令可将对象偏移指定的距离，创建一个与原对象类似的新对象。使用该命令时，用户可以通过两种方式创建平行对象：一种是输入平行线间的距离，另一种是指定新平行线通过的点。

1. 命令启动方法

- 菜单命令:【修改】/【偏移】。
- 面板:【默认】选项卡中【修改】面板上的 按钮。
- 命令: OFFSET 或简写 O。

【练习 2-13】　打开素材文件"dwg\第 2 章\2-13.dwg"，如图 2-32（a）所示，用 OFFSET、EXTEND、TRIM 等命令将其修改为图 2-32（b）所示的图形。

练习2-13　绘制平行线

（a）　　　　　　　　　　　（b）

图 2-32　绘制平行线

（1）用 OFFSET 命令偏移线段 *A*、*B*，得到平行线段 *C*、*D*，如图 2-33（a）所示。

```
命令：_offset
指定偏移距离或[通过（T）/删除（E）/图层（L）] <10.0000>: 70
                                                //输入偏移距离
选择要偏移的对象，或[退出（E）/放弃（U）] <退出>:     //选择线段 A
指定要偏移的那一侧上的点，或[退出（E）/多个（M）/放弃（U）] <退出>:
                                                //在线段 A 的右边单击一点
选择要偏移的对象，或[退出（E）/放弃（U）] <退出>:     //按 Enter 键结束
命令：OFFSET                                      //重复命令
指定偏移距离或 <70.0000>: 74                        //输入偏移距离
选择要偏移的对象，或 <退出>:                         //选择线段 B
指定要偏移的那一侧上的点：                           //在线段 B 的上边单击一点
选择要偏移的对象，或 <退出>:                         //按 Enter 键结束
```

用 TRIM 命令修剪多余线条，结果如图 2-33（b）所示。

（a）　　　　　　　　　　　（b）

图 2-33　绘制平行线及修剪多余线条

（2）用 OFFSET、EXTEND 及 TRIM 命令绘制图形的其余部分。

2. 命令选项

- 通过（T）：通过指定点创建新的偏移对象。
- 删除（E）：偏移源对象后将其删除。
- 图层（L）：指定将偏移后的新对象放置在当前图层或源对象所在的图层上。
- 多个（M）：在要偏移的一侧单击多次，就创建多个等距对象。

2.2.3　利用角度覆盖方式绘制垂线及倾斜线段

如果要沿某一方向画任意长度的线段，用户可在 AutoCAD 提示输入点时，输入一个小于号 "<" 及角度值，该角度表明了画线的方向，AutoCAD 将把鼠标光标锁定在此方向上。移动鼠标光标，线段的长度就发生变化，获取适当长度后，单击鼠标左键结束，这种画线方式称为角度覆盖式。

【练习 2-14】　画垂线及倾斜线段。

打开素材文件 "dwg\第 2 章\2-14.dwg"，如图 2-34 所示，利用角度覆盖方式画垂线 *BC* 和斜线 *DE*。

命令: _line 指定第一点: ext	//使用延伸捕捉 "EXT"
于 20	//输入点 B 与点 A 的距离
指定下一点或[放弃(U)]: <120	//指定线段 BC 的方向
指定下一点或[放弃(U)]:	//在点 C 处单击一点
指定下一点或[放弃(U)]:	//按 Enter 键结束
命令:	//重复命令
LINE 指定第一点: ext	//使用延伸捕捉 "EXT"
于 50	//输入点 D 与点 A 的距离
指定下一点或[放弃(U)]: <130	//指定线段 DE 的方向
指定下一点或[放弃(U)]:	//在点 E 处单击一点
指定下一点或[放弃(U)]:	//按 Enter 键结束

结果如图 2-34 所示。

练习2-14　绘制垂线及倾斜线段

图 2-34　绘制垂线及斜线

2.2.4　用 LINE 及 XLINE 命令绘制任意角度斜线

XLINE 命令可以画无限长的构造线，利用它能直接画出水平方向、竖直方向、倾斜方向及平行关系的线段。作图过程中采用此命令画定位线或绘图辅助线是很方便的。

1. 命令启动方法

- 菜单命令:【绘图】/【构造线】。
- 面板:【默认】选项卡中【绘图】面板上的 ✎ 按钮。
- 命令: XLINE 或简写 XL。

【练习 2-15】　打开素材文件 "dwg\第 2 章\2-15.dwg"，如图 2-35（a）所示，用 LINE、XLINE、TRIM 等命令将其修改为图 2-35（b）所示的图形。

练习2-15 绘制斜线

（a） （b）

图 2-35 绘制任意角度斜线

（1）用 XLINE 命令绘制直线 *G*、*H*、*I*，用 LINE 命令绘制斜线 *J*，如图 2-36（a）所示。

命令：_xline指定点或[水平（H）/垂直（V）/角度（A）/二等分（B）/偏移（O）]：v	//使用"垂直（V）"选项
指定通过点：ext	//捕捉延伸点 *B*
于 24	//输入点 *B* 与点 *A* 的距离
指定通过点：	//按 Enter 键结束
命令：	//重复命令
XLINE指定点或[水平（H）/垂直（V）/角度（A）/二等分（B）/偏移（O）]：h	//使用"水平（H）"选项
指定通过点：ext	//捕捉延伸点 *C*
于 5	//输入点 *C* 与点 *A* 的距离
指定通过点：	//按 Enter 键结束
命令：	//重复命令
XLINE指定点或[水平（H）/垂直（V）/角度（A）/二等分（B）/偏移（O）]：a	//使用"角度（A）"选项
输入构造线的角度（0）或[参照（R）]：r	//使用"参照（R）"选项
选择直线对象：	//选择线段 *AB*
输入构造线的角度 <0>：130	//输入构造线与线段 *AB* 的夹角
指定通过点：ext	//捕捉延伸点 *D*
于 39	//输入点 *D* 与点 *A* 的距离
指定通过点：	//按 Enter 键结束
命令：_line指定第一点：ext	//捕捉延伸点 *F*
于 31	//输入点 *F* 与点 *E* 的距离
指定下一点或[放弃（U）]：<60	//设定画线的角度
指定下一点或[放弃（U）]：	//沿 60°方向移动鼠标光标
指定下一点或[放弃（U）]：	//单击一点结束

结果如图 2-36（a）所示。修剪多余线条，结果如图 2-36（b）所示。

（2）用 XLINE、OFFSET、TRIM 等命令绘制图形的其余部分。

（a） （b）

图 2-36 绘制斜线及修剪线条

2. 命令选项

- 水平（H）：绘制水平方向直线。
- 垂直（V）：绘制竖直方向直线。
- 角度（A）：通过某点绘制一条与已知直线成一定角度的直线。
- 二等分（B）：绘制一条平分已知角度的直线。
- 偏移（O）：可输入一个偏移距离来绘制平行线，或者指定直线通过的点来创建新平行线。

2.2.5 上机练习——用 OFFSET 及 TRIM 命令快速绘制线段

OFFSET 命令可以偏移已有图形对象生成新对象，因此在绘图时并不需要用 LINE 命令绘制图中的每一条线段。用户可首先绘制出主要的作图基准线，然后使用 OFFSET 命令偏移这些线条，最后修剪多余部分就生成新图形。

【练习 2-16】 利用 LINE、OFFSET、TRIM 等命令绘制平面图形，如图 2-37 所示。

图 2-37 用 LINE、OFFSET、TRIM 等命令绘图

主要作图步骤如图 2-38 所示。

图 2-38 作图步骤

【练习 2-17】 利用 LINE、XLINE、OFFSET、TRIM 等命令绘制平面图形，如图 2-39 所示。主要作图步骤如图 2-40 所示。

图 2-39 用 LINE、XLINE、OFFSET、TRIM 等命令绘图

图 2-40 作图步骤

2.3

多线、多段线及射线

本节将介绍多线、多段线及射线的绘制方法。

2.3.1 课堂实训——用 MLINE 命令绘制墙体

用 MLINE 命令可以很方便地绘制墙体线。绘制前，先根据墙体的厚度建立相应的多线样式，这样，每当创建不同厚度的墙体时，就使对应的多线样式成为当前样式即可。

【练习 2-18】 用 LINE、OFFSET、MLINE 等命令绘制图 2-41 所示的建筑平面图。

（1）创建以下图层。

名称	颜色	线型	线宽
建筑-轴线	红色	Center	默认
建筑-墙线	白色	Continuous	0.7

（2）设定绘图区域大小为 20000×20000，设置全局线型比例因子为 20。

（3）打开极轴追踪、对象捕捉及自动追踪功能。指定极轴追踪角度增量为 90°，设定对象捕捉方式为"端点""交点"，设置仅沿正交方向自动追踪。

练习2-18　多线绘制墙体

（4）切换到"建筑-轴线"层。用 LINE 命令画水平及竖直的作图基准线 A、B，其长度约为 15000，如图 2-42（a）所示。用 OFFSET 命令偏移线段 A、B，以形成其他轴线，结果如图 2-42（b）所示。

图 2-41　用 LINE、OFFSET、MLINE 等命令画图

(a)　　　　　　(b)

图 2-42　形成轴线

（5）创建一个多线样式，样式名为"墙体24"。该多线包含两条直线，偏移量分别为 120、−120。

（6）切换到"建筑-墙线"层，用 MLINE 命令绘制墙体，如图 2-43 所示。

（7）关闭"建筑-轴线"层，利用 MLEDIT 命令的"T 形闭合"选项编辑多线交点 C、D、E、F、G、H、I、J，如图 2-44（a）所示。用 EXPLODE 命令分解所有多线，然后用 TRIM 命令修剪交点 K、L、M 处的多余线条，结果如图 2-44（b）所示。

图 2-43　绘制墙体

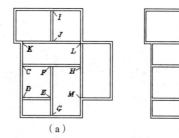

(a)　　　　　　(b)

图 2-44　编辑多线

2.3.2　创建多线样式及多线

MLINE 命令用于创建多线，如图 2-45 所示。多线是由多条平行直线组成的对象，其最多可包含 16 条平行线，线间的距离、线的数量、线条颜色及线型等都可以调整，该对象常用于绘制墙体、公路或管道等。

MLSTYLE 命令用于生成多线样式。多线的外观由多线样式决定，在多线样式中用户可以设定多线中线条的数量、每条线的颜色和线型、线间的距离等，还能指定多线两个端头的形式，如弧形端头、平直端头等。

图 2-45　多线

启动命令的方法如表 2-2 所示。

表 2-2　　　　　　　　　　　　　启动命令的方法

方　式	多 线 样 式	多　线
菜单命令	【格式】/【多线样式】	【绘图】/【多线】
命令	MLSTYLE	MLINE 或简写 ML

【练习 2-19】　创建多线样式及多线。

（1）打开素材文件"dwg\第 2 章\2-19.dwg"。

（2）启动 MLSTYLE 命令，弹出【多线样式】对话框，如图 2-46 所示。

（3）单击 [新建(N)…] 按钮，弹出【创建新的多线样式】对话框，如图 2-47 所示。在【新样式名】文本框中输入新样式的名称"样式-240"，在【基础样式】下拉列表中选择样板样式，默认的样板样式是【STANDARD】。

练习2-19　创建多线样式及多线

图 2-46　【多线样式】对话框　　　　　图 2-47　【创建新的多线样式】对话框

（4）单击 [继续] 按钮，弹出【新建多线样式：样式-240】对话框，如图 2-48 所示。在该对话框中完成以下设置。

- 在【说明】文本框中输入关于多线样式的说明文字。
- 在【图元】列表框中选中"0.5"，然后在【偏移】文本框中输入数值"120"。
- 在【图元】列表框中选中"-0.5"，然后在【偏移】文本框中输入数值"-120"。

（5）单击 [确定] 按钮，返回【多线样式】对话框，然后单击 [置为当前(U)] 按钮，使新样式成为当前样式。

图 2-48　【新建多线样式：样式-240】对话框

（6）前面创建了多线样式，下面用 MLINE 命令生成多线。

```
命令: _mline
指定起点或[对正（J）/比例（S）/样式（ST）]: s        //选用"比例（S）"选项
输入多线比例 <20.00>: 1                            //输入缩放比例值
指定起点或[对正（J）/比例（S）/样式（ST）]: j        //选用"对正（J）"选项
输入对正类型[上（T）/无（Z）/下（B）] <无>: z        //设定对正方式为"无"
指定起点或[对正（J）/比例（S）/样式（ST）]:          //捕捉点 A, 如图 2-49（b）所示
指定下一点:                                         //捕捉点 B
指定下一点或[放弃（U）]:                             //捕捉点 C
指定下一点或[闭合（C）/放弃（U）]:                    //捕捉点 D
指定下一点或[闭合（C）/放弃（U）]:                    //捕捉点 E
指定下一点或[闭合（C）/放弃（U）]:                    //捕捉点 F
指定下一点或[闭合（C）/放弃（U）]: c                  //使多线闭合
命令: MLINE                                         //重复命令
指定起点或[对正（J）/比例（S）/样式（ST）]:          //捕捉点 G
指定下一点:                                         //捕捉点 H
指定下一点或[放弃（U）]:                             //按 Enter 键结束
命令: MLINE                                         //重复命令
指定起点或[对正（J）/比例（S）/样式（ST）]:          //捕捉点 I
指定下一点:                                         //捕捉点 J
指定下一点或[放弃（U）]:                             //按 Enter 键结束
```

结果如图 2-49（b）所示。保存文件，该文件在后面将继续使用。

（a）　　　　　　　　　　　（b）

图 2-49　绘制多线

【新建多线样式】对话框中各选项的功能介绍如下。

- 添加(A) 按钮：单击此按钮，系统在多线中添加一条新线，该线的偏移量可在【偏移】文本框中输入。
- 删除(D) 按钮：删除【图元】列表框中选定的线元素。
- 【颜色】下拉列表：通过此下拉列表修改【图元】列表框中选定线元素的颜色。
- 线型(T)... 按钮：指定【图元】列表框中选定线元素的线型。
- 【显示连接】：选中该复选项，则系统在多线拐角处显示连接线，如图 2-50（a）所示。

图 2-50　多线的各种特性

- 【直线】：在多线的两端产生直线封口形式，如图 2-50（b）所示。
- 【外弧】：在多线的两端产生外圆弧封口形式，如图 2-50（b）所示。
- 【内弧】：在多线的两端产生内圆弧封口形式，如图 2-50（b）所示。
- 【角度】：该角度是指多线某一端的端口连线与多线的夹角，如图 2-50（b）所示。
- 【填充颜色】下拉列表：通过此下拉列表设置多线的填充色。

MLINE 命令选项的功能介绍如下。

- 对正（J）：设定多线的对正方式，即多线中哪条线段的端点与鼠标光标重合并随之移动，该选项有以下 3 个子选项。

上（T）：若从左往右绘制多线，则对正点将在最顶端线段的端点处。

无（Z）：对正点位于多线中偏移量为 0 的位置处。多线中线条的偏移量可在多线样式中设定。

下（B）：若从左往右绘制多线，则对正点将在最底端线段的端点处。

- 比例（S）：指定多线宽度相对于定义宽度（在多线样式中定义）的比例因子，该比例不影响线型比例。
- 样式（ST）：该选项使用户可以选择多线样式，默认样式是"STANDARD"。

2.3.3　编辑多线

MLEDIT 命令用于编辑多线，其主要功能如下。

（1）改变两条多线的相交形式，如使它们相交成"十"字形或"T"字形。

（2）在多线中加入控制顶点或删除顶点。

（3）将多线中的线条切断或接合。

命令启动方法如下。

- 菜单命令：【修改】/【对象】/【多线】。

- 命令：MLEDIT。

继续前面的【练习 2-19】，下面用 MLEDIT 命令编辑多线。

（1）启动 MLEDIT 命令，打开【多线编辑工具】对话框，如图 2-51 所示。该对话框中的小型图片形象地说明了各项编辑功能。

图 2-51 【多线编辑工具】对话框

（2）选择【T 形合并】选项，AutoCAD 提示如下。

```
命令：_mledit
选择第一条多线：              //在点 A 处选择多线，如图 2-52（a）所示
选择第二条多线：              //在点 B 处选择多线
选择第一条多线 或[放弃（U）]：  //在点 C 处选择多线
选择第二条多线：              //在点 D 处选择多线
选择第一条多线 或[放弃（U）]：  //在点 E 处选择多线
选择第二条多线：              //在点 F 处选择多线
选择第一条多线 或[放弃（U）]：  //在点 G 处选择多线
选择第二条多线：              //在点 H 处选择多线
选择第一条多线 或[放弃（U）]：  //按 Enter 键结束
```

结果如图 2-52（b）所示。

（a）   （b）

图 2-52 编辑多线

2.3.4 创建及编辑多段线

PLINE 命令用来创建二维多段线。多段线是由几段线段和圆弧构成的连续线条，它是一个单独的图形对象。二维多段线具有以下特点。

- 能够设定多段线中线段及圆弧的宽度。

- 可以利用有宽度的多段线形成实心圆、圆环或带锥度的粗线等。
- 能一次对多段线的所有交点进行倒圆角或倒角处理。

在绘制图 2-53 所示图形的外轮廓时，可利用多段线构图。用户首先用 LINE、CIRCLE 等命令形成外轮廓线框，然后用 PEDIT 命令将此线框编辑成一条多段线，最后用 OFFSET 命令偏移多段线就形成了内轮廓线框。图 2-53 所示的长槽或箭头可使用 PLINE 命令一次绘制出来。

图 2-53　绘制及编辑多段线

启动命令的方法如表 2-3 所示。

表 2-3　　　　　　　　　　　　　启动命令的方法

方　　式	创建多段线	编辑多段线
菜单命令	【绘图】/【多段线】	【修改】/【对象】/【多段线】
面板	【默认】选项卡中【绘图】面板上的![]按钮	【默认】选项卡中【修改】面板上的![]按钮
命令	PLINE 或简写 PL	PEDIT 或简写 PE

【练习 2-20】　用 LINE、PLINE、PEDIT 等命令绘制图 2-53 所示的图形。

（1）创建两个图层。

名称	颜色	线型	线宽
轮廓线层	白色	Continuous	0.5
中心线层	红色	Center	默认

（2）设定线型全局比例因子为"0.2"，设定绘图区域大小为100×100，然后双击鼠标滚轮，使绘图区域充满整个图形窗口显示出来。

（3）打开极轴追踪、对象捕捉及自动追踪功能。设置极轴追踪角度增量为90°，设置对象捕捉方式为"端点""交点"。

（4）用 LINE、CIRCLE、TRIM 等命令绘制定位中心线及闭合线框 A，如图 2-54 所示。

（5）用 PEDIT 命令将线框 A 编辑成一条多段线。

练习2-20　创建及编辑多段线

```
命令: pedit                                    //启动编辑多段线命令
选择多段线或[多条(M)]:                          //选择线框 A 中的一条线段
是否将其转换为多段线? <Y>                        //按 Enter 键
输入选项[闭合(C)/合并(J)/宽度(W)/编辑顶点(E)/拟合(F)/样条曲线(S)/非曲线化(D)/
```

线型生成（L）/放弃（U）：j	//使用"合并（J）"选项
选择对象：总计 11 个	//选择线框 A 中的其余线条
选择对象：	//按 Enter 键
输入选项[打开（O）/合并（J）/宽度（W）/编辑顶点（E）/拟合（F）/样条曲线（S）/非曲线化（D）/	
线型生成（L）/放弃（U）]：	//按 Enter 键结束

（6）用 OFFSET 命令向内偏移线框 A，偏移距离为 2，结果如图 2-55 所示。

图 2-54 绘制定位中心线及闭合线框 A　　　　图 2-55 偏移线框

（7）用 PLINE 命令绘制长槽及箭头，如图 2-56 所示。

命令：_pline	//启动绘制多段线命令
指定起点：7	//从点 B 向右追踪并输入追踪距离
指定下一个点或[圆弧（A）/半宽（H）/长度（L）/放弃（U）/宽度（W）]：	
	//从点 C 向上追踪并捕捉交点 D
指定下一点或[圆弧（A）/闭合（C）/半宽（H）/长度（L）/放弃（U）/宽度（W）]：a	
	//使用"圆弧（A）"选项
指定圆弧的端点或[角度（A）/圆心（CE）/闭合（CL）/方向（D）/半宽（H）/直线（L）/半径（R）/第二个	
点（S）/放弃（U）/宽度（W）]：14	//从点 D 向左追踪并输入追踪距离
指定圆弧的端点或[角度（A）/圆心（CE）/闭合（CL）/方向（D）/半宽（H）/直线（L）/半径（R）/第二个	
点（S）/放弃（U）/宽度（W）]：l	//使用"直线（L）"选项
指定下一点或[圆弧（A）/闭合（C）/半宽（H）/长度（L）/放弃（U）/宽度（W）]：	
	//从点 E 向下追踪并捕捉交点 F
指定下一点或[圆弧（A）/闭合（C）/半宽（H）/长度（L）/放弃（U）/宽度（W）]：a	
	//使用"圆弧（A）"选项
指定圆弧的端点或[角度（A）/圆心（CE）/闭合（CL）/方向（D）/半宽（H）/直线（L）/半径（R）/第二个	
点（S）/放弃（U）/宽度（W）]：	//从点 F 向右追踪并捕捉端点 C
指定圆弧的端点或[角度（A）/圆心（CE）/闭合（CL）/方向（D）/半宽（H）/直线（L）/半径（R）/第二个	
点（S）/放弃（U）/宽度（W）]：	//按 Enter 键结束
命令：PLINE	//重复命令
指定起点：20	//从点 G 向下追踪并输入追踪距离
指定下一个点或[圆弧（A）/半宽（H）/长度（L）/放弃（U）/宽度（W）]：w	
	//使用"宽度（W）"选项
指定起点宽度 <0.0000>：5	//输入多段线起点宽度值
指定端点宽度 <5.0000>：	//按 Enter 键
指定下一个点或[圆弧（A）/半宽（H）/长度（L）/放弃（U）/宽度（W）]：12	
	//向右追踪并输入追踪距离
指定下一点或[圆弧（A）/闭合（C）/半宽（H）/长度（L）/放弃（U）/宽度（W）]：w	
	//使用"宽度（W）"选项
指定起点宽度 <5.0000>：10	//输入多段线起点宽度值

指定端点宽度 <10.0000>: 0   //输入多段线终点宽度值
指定下一点或[圆弧（A）/闭合（C）/半宽（H）/长度（L）/放弃（U）/宽度（W）]: 15
                                       //向右追踪并输入追踪距离
指定下一点或[圆弧（A）/闭合（C）/半宽（H）/长度（L）/放弃（U）/宽度（W）]:
                                       //按 Enter 键结束

结果如图 2-56 所示。

图 2-56　绘制长槽及箭头

2.3.5　分解多线及多段线

EXPLODE 命令（简写 X）可将多线、多段线、块、标注及面域等复杂对象分解成 AutoCAD 基本图形对象。例如，连续的多段线是一个单独对象，用 EXPLODE 命令"炸开"后，多段线 的每一段都是独立对象。

输入 EXPLODE 命令（简写 X）或单击【修改】面板上的 按钮，系统提示"选择对象"，用户选择图形对象后，AutoCAD 就对其进行分解。

2.3.6　绘制射线

练习2-21　绘制射线

RAY 命令用于创建无限延伸的单向射线。操作时，用户只需指定射 线的起点及另一通过点，该命令可一次创建多条射线。

命令启动方法如下。

* 菜单命令：【绘图】/【射线】。
* 面板：【默认】选项卡中【绘图】面板上的 按钮。
* 命令：RAY。

【练习 2-21】　绘制两个圆，然后用 RAY 命令绘制射线，如图 2-57 所示。

命令: _ray指定起点: cen 于   //捕捉圆心
指定通过点: <20   //设定画线角度
指定通过点: //单击点 A
指定通过点: <110   //设定画线角度
指定通过点: //单击点 B
指定通过点: <130   //设定画线角度
指定通过点: //单击点 C
指定通过点: <-100   //设定画线角度

指定通过点:	//单击点 D
指定通过点:	//按 Enter 键结束

结果如图 2-57 所示。

图 2-57　绘制射线

2.3.7　上机练习——用 LINE、MLINE 及 PLINE 等命令绘图

【练习 2-22】　　创建图层，设置粗实线宽度为 0.7，点画线宽度默认。设定绘图区域大小为 15000×15000。用 LINE、OFFSET、MLINE、PLINE 等命令绘制图 2-58 所示的图形。

图 2-58　绘制多线及多段线

主要作图步骤如图 2-59 所示。

图 2-59　作图步骤

【练习 2-23】　　创建图层，设置粗实线宽度为 0.7，细实线宽度默认。设定绘图区域大小为 15000×15000。用 LINE、PLINE、OFFSET 等命令绘图，如图 2-60 所示。

图 2-60 绘制多线及箭头等

主要作图步骤如图 2-61 所示。

用PLINE及LINE命令绘制图形A　　用PLINE及OFFSET命令绘制对象B　　　　　　　用PLINE绘制箭头
用RAY及TRIM命令绘制对象C

（a）　　　　　　　　　　　（b）　　　　　　　　　　　（c）

图 2-61 作图步骤

2.4 绘制切线、圆及圆弧连接

本节主要内容包括绘制切线、圆及圆弧连接等。

2.4.1 课堂实训——绘制圆及圆弧构成的平面图形

实训的任务是绘制图 2-62 所示的平面图形，该图形由线段、圆及圆弧组成。先绘制圆的定位线及圆，然后绘制切线及过渡圆弧。

【练习2-24】 用 LINE、CIRCLE、TRIM 等命令绘制平面图形，如图 2-62 所示。

练习2-24 绘制圆及圆
弧构成的平面图形

图 2-62　绘制切线及圆弧

主要作图步骤如图 2-63 所示。

图 2-63　绘图过程

2.4.2　绘制切线、圆及圆弧连接

用户可利用 LINE 命令并结合切点捕捉 "TAN" 来绘制切线。

用户可用 CIRCLE 命令绘制圆及圆弧连接。默认绘制圆的方法是指定圆心和半径，此外，还可通过两点或 3 点来绘制圆。

1. 命令启动方法

- 菜单命令：【绘图】/【圆】。
- 面板：【默认】选项卡中【绘图】面板上的 按钮。
- 命令：CIRCLE 或简写 C。

练习2-25 绘制切线、
圆及圆弧连接

【练习 2-25】　打开素材文件 "dwg\第 2 章\2-25.dwg"，如图 2-64 （a）所示，用 LINE、CIRCLE 等命令将其修改为图 2-64（b）所示的图形。

图 2-64　绘制圆及过渡圆弧

（1）绘制切线及过渡圆弧，如图 2-65（a）所示。

命令：_line 指定第一点：tan 到	//捕捉切点 A
指定下一点或[放弃（U）]：tan 到	//捕捉切点 B
指定下一点或[放弃（U）]：	//按 Enter 键结束
命令：_circle 指定圆的圆心或[三点（3P）/两点（2P）/相切、相切、半径（T）]：3p	//使用"三点（3P）"选项
指定圆上的第一点：tan 到	//捕捉切点 D
指定圆上的第二点：tan 到	//捕捉切点 E
指定圆上的第三点：tan 到	//捕捉切点 F
命令：	//重复命令
CIRCLE 指定圆的圆心或[三点（3P）/两点（2P）/相切、相切、半径（T）]：t	//利用"相切、相切、半径（T）"选项
指定对象与圆的第一个切点：	//捕捉切点 G
指定对象与圆的第二个切点：	//捕捉切点 H
指定圆的半径 <10.8258>:30	//输入圆半径
命令：	//重复命令
命令：CIRCLE 指定圆的圆心或[三点（3P）/两点（2P）/相切、相切、半径（T）]：from	//使用正交偏移捕捉
基点：int 于	//捕捉交点 C
<偏移>：@22,4	//输入相对坐标
指定圆的半径或[直径（D）] <30.0000>: 3.5	//输入圆半径

修剪多余线条，结果如图 2-65（b）所示。

图 2-65　绘制切线及过渡圆弧

（2）用 LINE、CIRCLE、TRIM 等命令绘制图形的其余部分。

2. 命令选项

● 三点（3P）：输入 3 个点绘制圆。

- 两点（2P）：指定直径的两个端点绘制圆。
- 相切、相切、半径（T）：选取与圆相切的两个对象，然后输入圆半径。

2.4.3　倒圆角及倒角

FILLET 命令用于倒圆角，操作的对象包括直线、多段线、样条线、圆及圆弧等。

CHAMFER 命令用于倒角，倒角时用户可以输入每条边的倒角距离，也可以指定某条边上倒角的长度及与此边的夹角。

用 FILLET 及 CHAMFER 命令倒圆角和倒角时，AutoCAD 将显示预览图像，这样可直观感受到操作后的效果。

命令启动方法如表 2-4 所示。

表 2-4　　　　　　　　　　　　　命令启动方法

方　式	倒　圆　角	倒　角
菜单命令	【修改】/【圆角】	【修改】/【倒角】
面板	【默认】选项卡中【修改】面板上的⌒按钮	【默认】选项卡中【修改】面板上的⌒按钮
命令	FILLET 或简写 F	CHAMFER 或简写 CHA

【练习 2-26】　打开素材文件"dwg\第 2 章\2-26.dwg"，如图 2-66（a）所示，用 FILLET 及 CHAMFER 命令将其修改为图 2-66（b）所示的图形。

（a）　　　　　　　　　　　　　（b）

图 2-66　倒圆角及倒角

（1）倒圆角，圆角半径为 R5，如图 2-67 所示。

```
命令: _fillet
选择第一个对象或[放弃（U）/多段线（P）/半径（R）/修剪（T）/多个（M）]: r
                                        //设置圆角半径
指定圆角半径 <3.0000>: 5                 //输入圆角半径值
选择第一个对象或[放弃（U）/多段线（P）/半径（R）/修剪（T）/多个（M）]:
                                        //选择线段 A
选择第二个对象，或按住 Shift 键选择要应用角点的对象：  //选择线段 B
```

结果如图 2-67 所示。

（2）倒角，倒角距离分别为 5 和 10，如图 2-67 所示。

```
命令：_chamfer
选择第一条直线[放弃（U）/多段线（P）/距离（D）/角度（A）/修剪（T）/方式（E）/多个（M）]：d
                                                    //设置倒角距离
指定第一个倒角距离 <3.0000>：5                       //输入第一个边的倒角距离
指定第二个倒角距离 <5.0000>：10                      //输入第二个边的倒角距离
选择第一条直线或[放弃（U）/多段线（P）/距离（D）/角度（A）/修剪（T）/方式（E）/多个（M）]
                                                    //选择线段 C
选择第二条直线，或按住 Shift 键选择要应用角点的直线：  //选择线段 D
```

结果如图 2-67 所示。

图 2-67　倒圆角及倒角

（3）创建其余圆角及斜角。

常用的命令选项及功能如表 2-5 所示。

表 2-5　　　　　　　　　　　　常用的命令选项及功能

命　令	选　　项	功　　能
FILLET	多段线（P）	对多段线的每个顶点进行倒圆角操作
	半径（R）	设定圆角半径。若圆角半径为 0，则被倒圆角的两个对象交于一点
	修剪（T）	指定倒圆角操作后是否修剪对象
	多个（M）	可一次创建多个圆角
	按住 Shift 键选择要应用角点的对象	若按住 Shift 键选择第二个圆角对象，则以 0 值替代当前的圆角半径
CHAMFER	多段线（P）	对多段线的每个顶点执行倒角操作
	距离（D）	设定倒角距离。若倒角距离为 0，则被倒的两个对象交于一点
	角度（A）	指定倒角距离及倒角角度
	修剪（T）	设置倒角时是否修剪对象
	多个（M）	可一次创建多个倒角
	按住 Shift 键选择要应用角点的直线	若按住 Shift 键选择第二个倒角对象，则以 0 值替代当前的倒角距离

2.4.4　移动及复制对象

移动及复制图形的命令分别是 MOVE 和 COPY，这两个命令的使用方法相似。启动 MOVE

或 COPY 命令后，首先选择要移动或复制的对象，然后通过两点或直接输入位移值指定对象移动或复制的距离和方向，AutoCAD 就将图形元素从原位置移动或复制到新位置。

命令启动方法如表 2-6 所示。

表 2-6　　　　　　　　　　　　　　命令启动方法

方　式	移　　动	复　　制
菜单命令	【修改】/【移动】	【修改】/【复制】
面板	【默认】选项卡中【修改】面板上的✛按钮	【默认】选项卡中【修改】面板上的❀按钮
命令	MOVE 或简写 M	COPY 或简写 CO

【练习2-27】　打开素材文件"dwg\第 2 章\2-27.dwg"，如图 2-68（a）所示，用 MOVE、COPY 等命令将其修改为图 2-68（b）所示的图形。

练习2-27　移动及复制对象

（a）　　　　　　　　　　　（b）

图 2-68　移动及复制对象

（1）移动及复制对象，如图 2-69（a）所示。

命令: _move	//启动移动命令
选择对象: 指定对角点: 找到 3 个	//选择对象 A
选择对象:	//按 Enter 键确认
指定基点或[位移（D）] <位移>: 12,5	//输入沿 x 轴、y 轴移动的距离
指定第二个点或 <使用第一个点作为位移>:	//按 Enter 键结束
命令: _copy	//启动复制命令
选择对象: 指定对角点: 找到 7 个	//选择对象 B
选择对象:	//按 Enter 键确认
指定基点或[位移（D）/模式（O）] <位移>:	//捕捉交点 C
指定第二个点或[阵列（A）] <使用第一个点作为位移>:	//捕捉交点 D
指定第二个点或[阵列（A）/退出（E）/放弃（U）] <退出>:	//按 Enter 键结束
命令: _copy	//重复命令
选择对象: 指定对角点: 找到 7 个	//选择对象 E
选择对象:	//按 Enter 键
指定基点或[位移（D）/模式（O）] <位移>: 17<-80	//指定复制的距离及方向
指定第二个点或[阵列（A）] <使用第一个点作为位移>:	//按 Enter 键结束

结果如图 2-69（b）所示。

（2）绘制图形的其余部分。

使用 MOVE 或 COPY 命令时，用户可通过以下方式指明对象移动或复制的距离和方向。

图 2-69　移动对象 *A* 及复制对象 *B*、*E*

- 在屏幕上指定两个点，这两点的距离和方向代表了实体移动的距离和方向。当 AutoCAD 提示"指定基点"时，指定移动的基准点。在 AutoCAD 提示"指定第二个点"时，捕捉第二点或输入第二点相对于基准点的相对直角坐标或极坐标。

- 以"*X*，*Y*"方式输入对象沿 *x* 轴、*y* 轴移动的距离，或者用"距离<角度"方式输入对象位移的距离和方向。当 AutoCAD 提示"指定基点"时，输入位移值。在 AutoCAD 提示"指定第二个点"时，按 Enter 键确认，这样 AutoCAD 就以输入的位移值来移动图形对象。

- 打开正交或极轴追踪功能，就能方便地将实体只沿 *x* 轴或 *y* 轴方向移动。当 AutoCAD 提示"指定基点"时，单击一点并把实体向水平或竖直方向移动，然后输入位移的数值。

- 使用"位移（D）"选项。启动该选项后，AutoCAD 提示"指定位移"，此时，以"*X*，*Y*"方式输入对象沿 *x* 轴、*y* 轴移动的距离，或者以"距离<角度"方式输入对象位移的距离和方向。

2.4.5　复制时阵列

使用 COPY 命令的"阵列（A）"选项可在复制对象的同时沿水平、竖直或倾斜方向阵列对象。启动该命令，指定复制的距离、方向及沿复制方向上的阵列数目，就创建出线性阵列，如图 2-70 所示。操作时，可设定两个对象间的距离，也可设定阵列的总距离值。

练习2-28　复制时阵列

图 2-70　复制时阵列对象

【练习 2-28】　利用 COPY 命令阵列对象，如图 2-70 所示。打开极轴追踪、对象捕捉及自动追踪功能。

```
命令：_copy
选择对象：找到 1 个                                        //选择矩形 A
选择对象：                                                //按 Enter 键
指定基点或[位移（D）/模式（O）] <位移>：                    //捕捉点 B
指定第二个点或[阵列（A）] <使用第一个点作为位移>：a          //选取"阵列（A）"选项
输入要进行阵列的项目数：6                                  //输入阵列数目
指定第二个点或[布满（F）]：16                              //输入对象间的距离
指定第二个点或[阵列（A）/退出（E）/放弃（U）] <退出>：       //按 Enter 键结束
```

结果如图 2-70 所示。

2.4.6　旋转对象

ROTATE 命令可以旋转图形对象，改变图形对象的方向。使用此命令时，用户指定旋转基点并输入旋转角度就可以转动图形对象，此外，用户也可以某个方位作为参照位置，然后选择一个新对象或输入一个新角度值来指明要旋转到的位置。

1.　命令启动方法

- 菜单命令：【修改】/【旋转】。
- 面板：【默认】选项卡中【修改】面板上的 ⟳ 按钮。
- 命令：ROTATE 或简写 RO。

【练习 2-29】　打开素材文件"dwg\第 2 章\2-29.dwg"，如图 2-71（a）所示，用 LINE、CIRCLE、ROTATE 等命令将其修改为图 2-71（b）所示的图形。

（a）

（b）

图 2-71　旋转对象

（1）用 ROTATE 命令旋转对象 *A*，如图 2-72 所示。

```
命令: _rotate
选择对象: 指定对角点: 找到 7 个            //选择图形对象 A, 如图 2-72（a）所示
选择对象:                                 //按 Enter 键
指定基点:                                 //捕捉圆心 B
指定旋转角度, 或[复制（C）/参照（R）] <70>: c     //使用"复制（C）"选项
指定旋转角度, 或[复制（C）/参照（R）] <70>: 59    //输入旋转角度
命令: ROTATE                              //重复命令
选择对象: 指定对角点: 找到 7 个            //选择图形对象 A
选择对象:                                 //按 Enter 键
指定基点:                                 //捕捉圆心 B
指定旋转角度, 或[复制（C）/参照（R）] <59>: c     //使用"复制（C）"选项
指定旋转角度, 或[复制（C）/参照（R）] <59>: r     //使用"参照（R）"选项
指定参照角 <0>:                            //捕捉点 B
指定第二点:                                //捕捉点 C
指定新角度或[点（P）] <0>:                  //捕捉点 D
```

结果如图 2-72（b）所示。

图 2-72　旋转对象 A

（2）绘制图形的其余部分。

2.　命令选项

- 指定旋转角度：指定旋转基点并输入绝对旋转角度来旋转实体。旋转角度是基于当前用户坐标系测量的。如果输入负的旋转角度，则选定的对象顺时针旋转；否则，将逆时针旋转。

- 复制（C）：旋转对象的同时复制对象。

- 参照（R）：指定某个方向作为起始参照角，然后拾取一个点或两个点来指定原对象要旋转到的位置，也可以输入新角度值来指明要旋转到的位置。

2.4.7　上机练习——绘制圆弧连接

【练习 2-30】　用 LINE、CIRCLE、TRIM 等命令绘制图 2-73 所示的图形。

练习2-30　绘制圆弧连接（1）

图 2-73　用 LINE、CIRCLE、TRIM 等命令绘图（1）

主要作图步骤如图 2-74 所示。

图 2-74　绘图过程

【练习 2-31】　用 LINE、CIRCLE、TRIM 等命令绘制图 2-75 所示的图形。

图 2-75 用 LINE、CIRCLE、TRIM 等命令绘图（2）

2.5 综合练习——绘制线段、圆构成的平面图形

【练习 2-32】 利用 OFFSET、EXTEND、TRIM 等命令绘制平面图形，如图 2-76 所示。

图 2-76 利用 OFFSET、EXTEND、TRIM 等命令绘图

【练习 2-33】 用 LINE、CIRCLE、COPY、ROTATE 等命令绘制图 2-77 所示的图形。图中倾斜的图形元素可先在水平位置绘制，然后旋转到倾斜方向。

图 2-77 用 LINE、CIRCLE、COPY、ROTATE 等命令绘图

【练习2-34】 用 LINE、CIRCLE、XLINE、OFFSET、TRIM 等命令绘制图 2-78 所示的图形。

练习2-34 绘制线段、
圆构成的平面图形（3）

图 2-78 用 LINE、CIRCLE、XLINE、OFFSET、TRIM 等命令绘图

主要作图步骤如图 2-79 所示。

图 2-79 作图步骤

 习 题

1. 输入点的相对坐标画线，如图 2-80 所示。

图 2-80 输入相对坐标画线

2. 打开极轴追踪、对象捕捉及自动追踪功能绘制线段，如图 2-81 所示。

图 2-81　利用极轴追踪、自动追踪等功能绘制线段

3. 用 OFFSET、TRIM 等命令绘图，如图 2-82 所示。

图 2-82　绘制平行线并修剪线条（1）

4. 用 OFFSET、TRIM 等命令绘图，如图 2-83 所示。
5. 绘制圆及圆弧连接，如图 2-84 所示。

图 2-83　绘制平行线并修剪线条（2）　　　　　图 2-84　绘制圆及圆弧连接

第3章

绘制和编辑平面图形（二）

【学习目标】

- 熟练绘制矩形、正多边形及椭圆。
- 掌握矩形阵列及环形阵列的方法，了解怎样沿路径阵列对象。
- 掌握镜像图形、对齐图形及拉伸图形的方法。
- 学会如何按比例缩放图形。
- 能够绘制断裂线及填充剖面图案。

通过本章的学习，读者将学会如何创建多边形、椭圆、断裂线及填充剖面图案，掌握阵列和镜像对象的方法，并能够灵活运用相应命令绘制常见平面图形。

3.1 绘制多边形、椭圆、阵列及镜像对象

本节主要内容包括绘制矩形、正多边形、椭圆、阵列及镜像对象等。

3.1.1 课堂实训——绘制椭圆及多边形等构成的平面图形

实训的任务是绘制图 3-1 所示的平面图形，该图形由线段、多边形及椭圆组成。首先画出图形的外轮廓线，然后绘制多边形及椭圆。对于倾斜方向的多边形及椭圆，可采用输入多边形顶点或椭圆轴端点相对极坐标的方式绘制。

练习3-1 绘制椭圆及多边形等构成的平面图形

【练习 3-1】 用 LINE、RECTANG、POLYGON 及 ELLIPSE 等命令绘制平面图形，如图 3-1 所示。

主要作图步骤如图 3-2 所示。

图 3-1 绘制矩形、正多边形及椭圆

图 3-2 绘图过程

3.1.2 绘制矩形

RECTANG 命令用于绘制矩形，该矩形是一个单独对象（多段线）。用户只需指定矩形对角线的两个端点就能画出矩形。绘制时，可指定顶点处的倒角距离及圆角半径。

1. 命令启动方法

练习3-2 绘制矩形

- 菜单命令：【绘图】/【矩形】。
- 面板：【绘图】面板上的 ⬜ 按钮。
- 命令：RECTANG 或简写 REC。

【练习 3-2】 打开素材文件"\dwg\第 3 章\3-2.dwg"，如图 3-3（a）所示，用 RECTANG 和 OFFSET 命令将其修改为图 3-3（b）所示的图形。

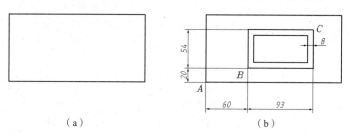

（a）   （b）

图 3-3 绘制矩形

```
命令：_rectang
指定第一个角点或[倒角（C）/标高（E）/圆角（F）/厚度（T）/宽度（W）]：from
                                    //使用正交偏移捕捉
```

基点: int 于	//捕捉点 A
<偏移>: @60,20	//输入点 B 的相对坐标
指定另一个角点或[面积（A）/尺寸（D）/旋转（R）]: @93,54	//输入点 C 的相对坐标

用 OFFSET 命令将矩形向内偏移，偏移距离为 8，结果如图 3-3（b）所示。

2. 命令选项

- 指定第一个角点：在此提示下，用户指定矩形的一个角点。拖动鼠标光标时，屏幕上显示出一个矩形。
- 指定另一个角点：在此提示下，用户指定矩形的另一个角点。
- 倒角（C）：指定矩形各顶点倒角的大小。
- 标高（E）：确定矩形所在的平面高度。默认情况下，矩形是在 xy 平面（z 坐标值为 0）内。
- 圆角（F）：指定矩形各顶点倒圆角半径。
- 厚度（T）：设置矩形的厚度，在三维绘图时常使用该选项。
- 宽度（W）：该选项使用户可以设置矩形边的宽度。
- 面积（A）：先输入矩形面积，再输入矩形长度或宽度值创建矩形。
- 尺寸（D）：输入矩形的长、宽尺寸创建矩形。
- 旋转（R）：设定矩形的旋转角度。

3.1.3 绘制正多边形

在 AutoCAD 中可以创建 3～1024 条边的正多边形，绘制正多边形一般采取如下两种方法。

（1）指定多边形边数及多边形中心。

（2）指定多边形边数及某一边的两个端点。

1. 命令启动方法

- 菜单命令：【绘图】/【正多边形】。
- 面板：【绘图】面板上的⬠按钮。
- 命令：POLYGON 或简写 POL。

【练习 3-3】 打开素材文件"\dwg\第 3 章\3-3.dwg"，该文件包含一个大圆和一个小圆，下面用 POLYGON 命令绘制出圆的内接多边形和外切多边形，如图 3-4 所示。

图 3-4 绘制正多边形

命令: _polygon 输入边的数目 <4>: 5	//输入多边形的边数
指定正多边形的中心点或 [边（E）]: cen 于	//捕捉大圆的圆心，如图 3-4（a）所示
输入选项[内接于圆（I）/外切于圆（C）] <I>: I	//采用内接于圆的方式绘制多边形

指定圆的半径：50	//输入半径值
命令：	//重复命令
POLYGON 输入边的数目 <5>:	//按 Enter 键接受默认值
指定正多边形的中心点或[边（E）]: cen 于	//捕捉小圆的圆心，如图 3-4（b）所示
输入选项[内接于圆（I）/外切于圆（C）] <I>: c	//采用外切于圆的方式绘制多边形
指定圆的半径：@40<65	//输入点 A 的相对坐标

结果如图 3-4 所示。

2. 命令选项

- 指定正多边形的中心点：用户输入多边形边数后，再拾取多边形中心点。
- 内接于圆（I）：根据外接圆生成正多边形。
- 外切于圆（C）：根据内切圆生成正多边形。
- 边（E）：输入多边形边数后，再指定某条边的两个端点即可绘制出多边形。

3.1.4 绘制椭圆

椭圆包含椭圆中心、长轴及短轴等几何特征。绘制椭圆的默认方法是指定椭圆第一根轴线的两个端点及另一轴长度的一半。另外，也可通过指定椭圆中心、第一轴的端点及另一轴线的半轴长度来创建椭圆。输入椭圆轴端点时可以采用相对极坐标的形式，因而可以很方便地指定椭圆轴的倾斜方向。

1. 命令启动方法

- 菜单命令：【绘图】/【椭圆】。
- 面板：【绘图】面板上的 ⬬ 按钮。
- 命令：ELLIPSE 或简写 EL。

【练习 3-4】 利用 ELLIPSE 命令绘制平面图形，如图 3-5 所示。

命令：_ellipse	
指定椭圆的轴端点或[圆弧（A）/中心点（C）]:	//拾取椭圆轴的一个端点，如图 3-5 所示
指定轴的另一个端点：@50<30	//输入椭圆轴另一端点的相对坐标
指定另一条半轴长度或[旋转（R）]: 13	//输入另一轴的半轴长度

结果如图 3-5 所示。

图 3-5 绘制椭圆

2. 命令选项

- 圆弧（A）：该选项使用户可以绘制一段椭圆弧。过程是先绘制一个完整的椭圆，随后系统提示用户指定椭圆弧的起始角及终止角。

- 中心点（C）：通过椭圆中心点、长轴及短轴来绘制椭圆。
- 旋转（R）：按旋转方式绘制椭圆，即将圆绕直径转动一定角度后，再投影到平面上形成椭圆。

3.1.5 矩形阵列对象

ARRAYRECT 命令用于创建矩形阵列。矩形阵列是指将对象按行、列方式进行排列。操作时，用户一般应提供阵列的行数、列数、行间距及列间距等，如果要沿倾斜方向生成矩形阵列，还应输入阵列的倾斜角度。

命令启动方法如下。

- 菜单命令：【修改】/【阵列】/【矩形阵列】。
- 面板：【修改】面板上的 ⊞ 按钮。
- 命令：ARRAYRECT 或简写 AR（ARRAY）。

【练习 3-5】 打开素材文件 "dwg\第 3 章\3-5.dwg"，如图 3-6（a）所示，用 ARRAYRECT 命令将其修改为图 3-6（b）所示的图形。

图 3-6 创建矩形阵列

（1）启动矩形阵列命令，选择要阵列的图形对象 A，按 Enter 键后，弹出【阵列创建】选项卡，如图 3-7 所示。

图 3-7 【阵列创建】选项卡

（2）分别在【行数】、【列数】文本框中输入阵列的行数 "2" 及列数 "3"，如图 3-7 所示。"行" 的方向与坐标系的 x 轴平行，"列" 的方向与 y 轴平行。每输入完一个数值，按 Enter 键或单击其他文本框，系统显示预览效果图片。

（3）分别在【列】、【行】面板的【介于】文本框中输入行间距 "20" 及列间距 "–18"，如图 3-7 所示。行、列间距的数值可为正或负。若是正值，则 AutoCAD 沿 x 轴、y 轴的正方向形成阵列；否则，沿反方向形成阵列。

（4）【层级】面板的参数用于设定阵列的层数及层高，"层"的方向是沿着 z 轴方向。

（5）默认情况下， 按钮是按下的，表明创建的矩形阵列是一个整体对象（否则每个项目为单独对象）。选中该对象，弹出【阵列】选项卡，如图 3-8 所示。通过此选项卡可编辑阵列参数，此外，还可重新设定阵列基点，以及通过修改阵列中的某个图形对象使得所有阵列对象发生变化。

图 3-8　【阵列】选项卡

（6）创建图形对象 B 的矩形阵列，如图 3-9（a）所示。阵列参数为行数 "2"、列数 "3"、行间距 "−10"、列间距 "15"。创建完成后，使用 ROTATE 命令将该阵列旋转到指定的倾斜方向，如图 3-9（b）所示。

（7）选中阵列对象，将鼠标光标移动到箭头形状的关键点处，出现快捷菜单，如图 3-9（c）所示。利用【轴角度】命令可以设定行、列两个方向间的夹角。设置完成后，鼠标光标所在处的阵列方向将变动，而另一方向不变。

图 3-9　创建倾斜方向矩形阵列

3.1.6　环形阵列对象

ARRAYPOLAR 命令用于创建环形阵列。环形阵列是指把对象绕阵列中心等角度均匀分布。决定环形阵列的主要参数有阵列中心、阵列总角度及阵列数目。此外，用户也可通过输入阵列总数及每个对象间的夹角来生成环形阵列。

命令启动方法如下。

- 菜单命令：【修改】/【阵列】/【环形阵列】。
- 面板：【修改】面板上的 按钮。
- 命令：ARRAYPOLAR 或简写 AR（ARRAY）。

【练习 3-6】　打开素材文件 "dwg\第 3 章\3-6.dwg"，如图 3-10（a）所示，用 ARRAYPOLAR 命令将其修改为图 3-10（b）所示的图形。

（1）启动环形阵列命令，选择要阵列的图形对象 A，再指定阵列中心点 B，弹出【阵列创建】选项卡，如图 3-11 所示。

练习 3-6　环形阵列对象

图 3-10　创建环形阵列

图 3-11　创建环形阵列

（2）在【项目数】及【填充】文本框中输入阵列的数目"5"及阵列分布的总角度值"150"，也可在【介于】文本框中输入阵列项目间的夹角"38"，如图 3-11 所示。

（3）单击 按钮，设定环形阵列沿顺时针或逆时针方向。

（4）在【行】面板中可以设定环形阵列沿径向分布的数目及间距，在【层级】面板中可以设定环形阵列沿 z 轴方向阵列的数目及间距。

（5）创建对象 C、D 的环形阵列，结果如图 3-10（b）所示。

（6）默认情况下，环形阵列中的项目是关联的，表明创建的阵列是一个整体对象（否则每个项目为单独对象）。选中该对象，弹出【阵列】选项卡，可编辑阵列参数。此外，还可通过修改阵列中的某个图形对象使得所有阵列对象发生变化。

3.1.7　沿路径阵列对象

ARRAYPATH 命令用于沿路径阵列对象。沿路径阵列是指将对象沿路径均匀分布或按指定的距离进行分布。路径对象可以是直线、多段线、样条曲线、圆弧及圆等。创建路径阵列时可指定阵列对象间和路径是否关联，还可设置对象在阵列时的方向及是否与路径对齐。

命令启动方法如下。

* 菜单命令：【修改】/【阵列】/【路径阵列】。
* 面板：【修改】面板上的 按钮。

练习3-7　沿路径阵列对象

* 命令：ARRAYPATH 或简写 AR。

【练习 3-7】　绘制圆、矩形及阵列路径直线和圆弧，将圆和矩形分别沿直线和圆弧阵列，如图 3-12 所示。

图 3-12　沿路径阵列对象

（1）启动路径阵列命令，选择阵列对象"圆"，按 Enter 键后，再选择阵列路径"直线"，弹出【阵列创建】选项卡，如图3-13所示。

图 3-13　【阵列创建】选项卡

（2）选择【定数等分】选项，再在【项目数】文本框中输入阵列数目"5"，按 Enter 键预览阵列效果。

（3）用同样的方法将矩形沿圆弧均布阵列，阵列数目为"8"。在【阵列创建】选项卡中单击 按钮，设定矩形底边中点为阵列基点，再单击 按钮，指定矩形底边为切线方向。

（4）单击 按钮，观察阵列效果。若是选中该选项，则每个矩形底边都与圆弧的切向方向一致。

3.1.8　沿倾斜方向阵列对象的方法

沿倾斜方向阵列对象的情况如图 3-14 所示，对于此类形式的阵列可采取以下方法进行绘制。

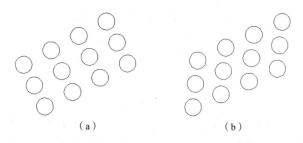

（a）　　　　　　　（b）

图 3-14　沿倾斜方向阵列

（1）阵列图 3-14（a）所示的图形。绘制过程如图 3-15 所示。先沿水平、竖直方向阵列对象，然后利用旋转命令将阵列旋转到倾斜位置。

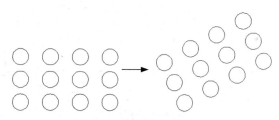

图 3-15　阵列及旋转（1）

（2）阵列图 3-14（b）所示的图形。绘制过程如图 3-16 所示。沿水平、竖直方向阵列对象，选中阵列，将光标移动到箭头形状的关键点处，出现快捷菜单，利用【轴角度】命令设定行、列两个方向间的夹角。设置完成后利用旋转命令将阵列旋转到倾斜位置。

图 3-16 阵列及旋转（2）

对于图 3-14 所示的图形，还可采用路径阵列命令进行绘制。这里以阵列图 3-14（b）所示图形为例，其步骤如图 3-17 所示。首先绘制阵列路径，然后沿路径阵列对象。路径长度等于行、列的总间距值，阵列完成后，删除路径线段。

图 3-17 沿路径阵列

3.1.9 镜像对象

对于对称图形，用户只需画出图形的一半，另一半可由 MIRROR 命令镜像出来。操作时，用户需先提供要对哪些对象进行镜像，然后再指定镜像线的位置。

命令启动方法如下。

练习3-8 镜像对象

- 菜单命令：【修改】/【镜像】。
- 面板：【修改】面板上的 ⚖ 按钮。
- 命令：MIRROR 或简写 MI。

【练习3-8】 打开素材文件"dwg\第 3 章\3-8.dwg"，如图 3-18（a）所示，用 MIRROR 命令将其修改为图 3-18（b）所示的图形。

图 3-18 镜像对象

命令：_mirror	//启动镜像命令
选择对象：指定对角点：找到 13 个	//选择镜像对象
选择对象：	//按 Enter 键
指定镜像线的第一点：	//拾取镜像线上的第一点

| 指定镜像线的第二点： | //拾取镜像线上的第二点 |
| 要删除源对象吗？[是（Y）/否（N）] <N>： | //按 Enter 键，默认镜像时不删除源对象 |

结果如图 3-18（b）所示。如果删除源对象，则结果如图 3-18（c）所示。

3.1.10 上机练习——绘制矩形、正多边形及椭圆等构成的图形

【练习 3-9】 用 RECTANG、OFFSET、ELLIPSE、POLYGON 等命令绘制图 3-19 所示的图形。

练习3-9 绘制矩形、正多边形及椭圆等构成的图形（1）

图 3-19 绘制矩形、六边形及椭圆

主要作图步骤如图 3-20 所示。

图 3-20 作图步骤

【练习 3-10】 用 LINE、RECTANG、ELLIPSE、POLYGON 等命令绘制出图 3-21 所示的图形。

练习3-10 绘制矩形、正多边形及椭圆等构成的图形（2-1）

练习3-10 绘制矩形、正多边形及椭圆等构成的图形（2-2）

图 3-21 绘制矩形、多边形及椭圆

3.1.11 上机练习——绘制对称图形及有均布特征的图形

【练习 3-11】 利用 LINE、OFFSET、ARRAY、MIRROR 等命令绘制平面图形，如图 3-22 所示。

【练习 3-12】 利用 LINE、ELLIPSE、POLYGON 及 ARRAY 等命令绘制平面图形，如图 3-23 所示。

图 3-22 绘制对称图形　　　图 3-23 绘制多边形及椭圆等对象组成的图形

3.2 对齐、拉伸及缩放对象

本节主要内容包括对齐、拉伸及比例缩放对象。

3.2.1 上机练习——利用复制、旋转及对齐命令绘图

实训的任务是绘制图 3-24 所示的平面图形，该图形包含许多倾斜图形对象。对于这些对象，可先在水平或竖直位置绘制，然后利用旋转或对齐命令将它们定位到倾斜方向。

【练习 3-13】 利用 LINE、ROTATE、ALIGN 等命令绘制图 3-24 所示的图形。

图 3-24 利用 LINE、ROTATE、ALIGN 等命令绘图

（1）设定绘图区域大小为 100 × 100，设置线型全局比例因子为 0.2。

（2）打开极轴追踪、对象捕捉及捕捉追踪功能，设置极轴追踪角度增量为 90°，设定对象捕捉方式为"端点""圆心"及"交点"，设置仅沿正交方向进行捕捉追踪。

（3）绘制圆的定位线及圆，如图 3-25（a）所示。用 OFFSET、LINE 及 TRIM 等命令绘制图形 A，结果如图 3-25（b）所示。

（a）   （b）

图 3-25　绘制圆及图形 A

（4）用 OFFSET、CIRCLE、TRIM 等命令绘制图形 B，如图 3-26（a）所示。用 ROTATE 命令旋转图形 B，结果如图 3-26（b）所示。

（a）   （b）

图 3-26　绘制图形 B 并旋转它

（5）用 XLINE 及 BREAK 命令形成定位线 C、D，再绘制图形 E，如图 3-27（a）所示。用 ALIGN 命令将图形 E 定位到正确的位置，然后把定位线修改为中心线，结果如图 3-27（b）所示。

（a）   （b）

图 3-27　对齐图形

3.2.2　对齐图形

使用 ALIGN 命令可以同时移动、旋转一个对象使之与另一对象对齐。例如，用户可以使图形对象中的某点、某条直线或某一个面（三维实体）与另一实体的点、线或面对齐。操作过程中，用户只需按照系统提示指定源对象与目标对象的 1 点、两点或 3 点对齐就可以了。

命令启动方法如下。

- 菜单命令：【修改】/【三维操作】/【对齐】。

- 面板：【默认】选项卡中【修改】面板上的 ▣ 按钮。
- 命令：ALIGN 或简写 AI。

【练习 3-14】 用 LINE、CIRCLE、ALIGN 等命令绘制平面图形，如图 3-28 所示。

图 3-28 对齐图形

（1）绘制轮廓线及图形 E，再用 XLINE 命令绘制定位线 C、D，如图 3-29（a）所示，然后用 ALIGN 命令将图形 E 定位到正确的位置，如图 3-29（b）所示。

命令	说明
命令：_xline 指定点或[水平（H）/垂直（V）/角度（A）/二等分（B）/偏移（O）]：from	
	//使用正交偏移捕捉
基点：	//捕捉基点 A
<偏移>：@12,11	//输入点 B 的相对坐标
指定通过点：<16	//设定画线 D 的角度
指定通过点：	//单击一点
指定通过点：<106	//设定画线 C 的角度
指定通过点：	//单击一点
指定通过点：	//按 Enter 键结束
命令：align	//启动对齐命令
选择对象：指定对角点：找到 15 个	//选择图形 E
选择对象：	//按 Enter 键
指定第一个源点：	//捕捉第一个源点 F
指定第一个目标点：	//捕捉第一个目标点 B
指定第二个源点：	//捕捉第二个源点 G
指定第二个目标点：nea 到	//在直线 D 上捕捉一点
指定第三个源点或 <继续>：	//按 Enter 键
是否基于对齐点缩放对象？[是（Y）/否（N）] <否>：	//按 Enter 键不缩放源对象

（a）　　　　　　　（b）

图 3-29 绘制及对齐图形 E 等

（2）绘制定位线 H、I 及图形 J，如图 3-30（a）所示。用 ALIGN 命令将图形 J 定位到正确的位置，结果如图 3-30（b）所示。

（a）   （b）

图 3-30   绘制及对齐图形 J 等

3.2.3   拉伸图形

利用 STRETCH 命令可以一次将多个图形对象沿指定的方向进行拉伸。编辑过程中必须用交叉窗口选择对象，除被选中的对象外，其他图元的大小及相互间的几何关系将保持不变。

命令启动方法如下。

- 菜单命令：【修改】/【拉伸】。
- 面板：【默认】选项卡中【修改】面板上的 按钮。
- 命令：STRETCH 或简写 S。

【练习 3-15】   打开素材文件 "dwg\第 3 章\3-15.dwg"，如图 3-31（a）所示，用 STRETCH 命令将其修改为图 3-31（b）所示的图形。

（a）   （b）

图 3-31   拉伸图形

（1）打开极轴追踪、对象捕捉及自动追踪功能。

（2）调整槽 A 的宽度及槽 D 的深度，如图 3-32（a）所示。

命令： _stretch	//启动拉伸命令
选择对象：	//单击点 B，如图 3-32（a）所示
指定对角点：找到 17 个	//单击点 C
选择对象：	//按 Enter 键
指定基点或[位移（D）] <位移>：	//单击一点
指定第二个点或 <使用第一个点作位移>：10	//向右追踪并输入追踪距离
命令： STRETCH	//重复命令
选择对象：	//单击点 E
指定对角点：找到 5 个	//单击点 F

选择对象：	//按 Enter 键
指定基点或[位移（D）] <位移>: 10<-60	//输入拉伸的距离及方向
指定第二个点或 <使用第一个点作为位移>:	//按 Enter 键结束

结果如图 3-32（b）所示。

（a） （b）

图 3-32 拉伸对象

（3）用 STRETCH 命令修改图形的其他部分。

使用 STRETCH 命令时，首先应利用交叉窗口选择对象，然后指定对象拉伸的距离和方向。凡在交叉窗口中的对象顶点都被移动，而与交叉窗口相交的对象将被延伸或缩短。

设定拉伸距离和方向的方式如下。

- 在屏幕上指定两个点，这两点的距离和方向代表了拉伸实体的距离和方向。

当 AutoCAD 提示"指定基点"时，指定拉伸的基准点。当 AutoCAD 提示"指定第二个点"时，捕捉第二点或输入第二点相对于基准点的相对直角坐标或极坐标。

- 以"X, Y"方式输入对象沿 x、y 轴拉伸的距离，或者用"距离<角度"方式输入拉伸的距离和方向。

当 AutoCAD 提示"指定基点"时，输入拉伸值。在 AutoCAD 提示"指定第二个点"时，按 Enter 键确认，这样 AutoCAD 就以输入的拉伸值来拉伸对象。

- 打开正交或极轴追踪功能，就能方便地将实体只沿 x 轴或 y 轴方向拉伸。

当 AutoCAD 提示"指定基点"时，单击一点并把实体向水平或竖直方向拉伸，然后输入拉伸值。

- 使用"位移（D）"选项。选择该选项后，AutoCAD 提示"指定位移"，此时，以"X, Y"方式输入沿 x 轴、y 轴拉伸的距离，或者以"距离<角度"方式输入拉伸的距离和方向。

3.2.4 按比例缩放图形

SCALE 命令可将对象按指定的比例因子相对于基点放大或缩小，也可把对象缩放到指定的尺寸。

练习3-16 按比例缩放图形

1. 命令启动方法

- 菜单命令：【修改】/【缩放】。
- 面板：【默认】选项卡中【修改】面板上的 ⬚ 按钮。
- 命令：SCALE 或简写 SC。

【练习 3-16】 打开素材文件"dwg\第 3 章\3-16.dwg"，如图 3-33（a）所示，用 SCALE 命令将其修改为图 3-33（b）所示的图形。

命令: _scale	//启动比例缩放命令

选择对象：找到 1 个	//选择矩形 A，如图 3-33（a）所示
选择对象：	//按 Enter 键
指定基点：	//捕捉交点 C
指定比例因子或[复制（C）/参照（R）] <1.0000>: 2	//输入缩放比例因子
命令：_SCALE	//重复命令
选择对象：找到 4 个	//选择线框 B
选择对象：	//按 Enter 键
指定基点：	//捕捉交点 D
指定比例因子或[复制（C）/参照（R）] <2.0000>: r	//使用"参照（R）"选项
指定参照长度 <1.0000>:	//捕捉交点 D
指定第二点：	//捕捉交点 E
指定新的长度或[点（P）] <1.0000>:	//捕捉交点 F

结果如图 3-33（b）所示。

2. 命令选项

• 指定比例因子：直接输入缩放比例因子，AutoCAD 根据此比例因子缩放图形。若比例因子小于 1，则缩小对象；否则，放大对象。

图 3-33　按比例缩放图形

• 复制（C）：缩放对象的同时复制对象。

• 参照（R）：以参照方式缩放图形。用户输入参考长度及新长度，AutoCAD 把新长度与参考长度的比值作为缩放比例因子进行缩放。

• 点（P）：使用两点来定义新的长度。

3.2.5　上机练习——利用旋转、拉伸及对齐命令绘图

【练习 3-17】　利用 LINE、CIRCLE、ARRAY、ALIGN 等命令绘制平面图形，如图 3-34 所示。

练习3-17　利用旋转、拉伸及对齐命令绘图（1）

图 3-34　利用 LINE、CIRCLE、ARRAY、ALIGN 等命令绘图

主要作图步骤如图 3-35 所示。

图 3-35　主要作图步骤

【练习 3-18】　利用 LINE、OFFSET、COPY、ROTATE、STRETCH 等命令绘制平面图形，如图 3-36 所示。

练习3-18　利用旋转、
拉伸及对齐命令绘图（2）

图 3-36　利用 LINE、OFFSET、COPY、ROTATE、STRETCH 等命令绘图

3.3

关键点编辑方式

关键点编辑方式是一种集成的编辑模式，该模式包含了拉伸、移动、旋转、比例缩放、镜像 5 种编辑方法。

默认情况下，AutoCAD 的关键点编辑方式是开启的。当用户选择实体后，实体上将出现若

干方框，这些方框被称为关键点。把鼠标光标靠近并捕捉关键点，然后单击鼠标左键，激活关键点编辑状态，此时，AutoCAD 自动进入拉伸编辑方式，连续按下 Enter 键，就可以在所有的编辑方式间切换。此外，用户也可在激活关键点后，单击鼠标右键，弹出快捷菜单，如图 3-37 所示，通过此快捷菜单选择某种编辑方法。

图 3-37　快捷菜单

在不同的编辑方式间切换时，AutoCAD 为每种编辑方法提供的选项基本相同。其中，"基点（B）""复制（C）"选项是所有编辑方式所共有的。

- 基点（B）：使用该选项用户可以捡取某一个点作为编辑过程的基点。例如，当进入了旋转编辑模式要指定一个点作为旋转中心时，就使用"基点（B）"选项。默认情况下，编辑的基点是热关键点（选中的关键点）。

- 复制（C）：如果用户在编辑的同时还需复制对象，就选择此选项。

下面通过一个例子来熟悉关键点的各种编辑方式。

【练习 3-19】　打开素材文件"dwg\第 3 章\3-19.dwg"，如图 3-38（a）所示，利用关键点编辑方式将其修改为图 3-38（b）所示的图形。

练习3-19　关键点编辑方式

（a）　　　　　　　　　　（b）

图 3-38　利用关键点编辑方式修改图形

3.3.1　利用关键点拉伸对象

在拉伸编辑模式下，当热关键点是线段的端点时，用户可有效地拉伸或缩短对象。如果热关键点是线段的中点、圆或圆弧的圆心或者属于块、文字、尺寸数字等实体时，这种编辑方式就只移动对象。

利用关键点拉伸线段的操作如下。

打开极轴追踪、对象捕捉及自动追踪功能。设置极轴追踪角度增量为"90"，设置对象捕捉方式为"端点""圆心"及"交点"。

命令：	//选择线段 A，如图 3-39（a）所示
命令：	//选中关键点 B
** 拉伸 **	//进入拉伸模式
指定拉伸点或 [基点（B）/复制（C）/放弃（U）/退出（X）]：	//向下移动鼠标光标并捕捉点 C

继续调整其他线段的长度，结果如图 3-39（b）所示。

打开正交状态后，用户就可利用关键点拉伸方式很方便地改变水平线段或竖直线段的长度。

图 3-39　利用关键点拉伸对象

3.3.2　利用关键点移动及复制对象

关键点移动模式可以编辑单一对象或一组对象，在此方式下使用"复制（C）"选项就能在移动实体的同时进行复制，这种编辑模式的使用与普通的 MOVE 命令很相似。

利用关键点复制对象的操作如下。

```
命令:                                          //选择对象 D，如图 3-40（a）所示
命令:                                          //选中一个关键点
** 拉伸 **
指定拉伸点或[基点（B）/复制（C）/放弃（U）/退出（X）]:    //进入拉伸模式
** 移动 **                                     //按 Enter 键进入移动模式
指定移动点或[基点（B）/复制（C）/放弃（U）/退出（X）]: c
                                              //利用"复制（C）"选项进行复制
** 移动 （多重） **
指定移动点或[基点（B）/复制（C）/放弃（U）/退出（X）]: b    //使用"基点（B）"选项
指定基点:                                       //捕捉对象 D 的圆心
** 移动 （多重） **
指定移动点或[基点（B）/复制（C）/放弃（U）/退出（X）]: @10,35  //输入相对坐标
** 移动 （多重） **
指定移动点或[基点（B）/复制（C）/放弃（U）/退出（X）]: @5,-20   //输入相对坐标
指定移动点或[基点（B）/复制（C）/放弃（U）/退出（X）]:          //按 Enter 键结束
```

结果如图 3-40（b）所示。

图 3-40　利用关键点复制对象

3.3.3 利用关键点旋转对象

旋转对象是绕旋转中心进行的，当使用关键点编辑模式时，热关键点就是旋转中心，但用户也可以指定其他点作为旋转中心。这种编辑方法与ROTATE命令相似，它的优点在于一次可将对象旋转且复制到多个方位。

旋转操作中的"参照（R）"选项有时非常有用，使用该选项用户可以旋转图形实体使其与某个新位置对齐。

利用关键点旋转对象的操作如下。

```
命令:                                              //选择对象 E，如图 3-41（a）所示
命令:                                              //选中一个关键点
** 拉伸 **                                         //进入拉伸模式
指定拉伸点或[基点（B）/复制（C）/放弃（U）/退出（X）]: _rotate
                                                   //单击鼠标右键，选择【旋转】命令
** 旋转 **                                         进入旋转模式
指定旋转角度或[基点（B）/复制（C）/放弃（U）/参照（R）/退出（X）]: c
                                                   //利用"复制（C）"选项进行复制
** 旋转 （多重） **
指定旋转角度或[基点（B）/复制（C）/放弃（U）/参照（R）/退出（X）]: b
                                                   //使用"基点（B）"选项
指定基点:                                           //捕捉圆心 F
** 旋转 （多重） **
指定旋转角度或[基点（B）/复制（C）/放弃（U）/参照（R）/退出（X）]: 85      //输入旋转角度
** 旋转 （多重） **
指定旋转角度或[基点（B）/复制（C）/放弃（U）/参照（R）/退出（X）]: 170     //输入旋转角度
** 旋转 （多重） **
指定旋转角度或[基点（B）/复制（C）/放弃（U）/参照（R）/退出（X）]: -150    //输入旋转角度
** 旋转 （多重） **
指定旋转角度或[基点（B）/复制（C）/放弃（U）/参照（R）/退出（X）]:        //按 Enter 键结束
```

结果如图 3-41（b）所示。

(a)   (b)

图 3-41　利用关键点旋转对象

3.3.4 利用关键点缩放对象

关键点编辑方式也提供了缩放对象的功能，当切换到缩放模式时，当前激活的热关键点是

缩放的基点。用户可以输入比例系数对实体进行放大或缩小，也可利用"参照（R）"选项将实体缩放到某一尺寸。

利用关键点缩放模式缩放对象的操作如下。

命令：	//选择圆 G，如图 3-42（a）所示
命令：	//选中任意一个关键点
** 拉伸 **	//进入拉伸模式
指定拉伸点或[基点（B）/复制（C）/放弃（U）/退出（X）]：_scale	
	//单击鼠标右键，选择【缩放】命令
** 比例缩放 **	//进入比例缩放模式
指定比例因子或[基点（B）/复制（C）/放弃（U）/参照（R）/退出（X）]：b	
	//使用"基点（B）"选项
指定基点：	//捕捉圆 G 的圆心
** 比例缩放 **	
指定比例因子或[基点（B）/复制（C）/放弃（U）/参照（R）/退出（X）]：1.6	
	//输入缩放比例值

结果如图 3-42（b）所示。

（a）　　　　　　（b）

图 3-42　利用关键点缩放对象

3.3.5　利用关键点镜像对象

进入镜像模式后，AutoCAD 直接提示"指定第二点"。默认情况下，热关键点是镜像线的第一点，在拾取第二点后，此点便与第一点一起形成镜像线。如果用户要重新设定镜像线的第一点，就要利用"基点（B）"选项。

利用关键点镜像对象。

命令：	//选择要镜像的对象，如图 3-43（a）所示
命令：	//选中关键点 H
** 拉伸 **	//进入拉伸模式
指定拉伸点或[基点（B）/复制（C）/放弃（U）/退出（X）]：_mirror	
	//单击鼠标右键，选择【镜像】命令
** 镜像 **	//进入镜像模式
指定第二点或[基点（B）/复制（C）/放弃（U）/退出（X）]：c	//镜像并复制
** 镜像 （多重） **	
指定第二点或[基点（B）/复制（C）/放弃（U）/退出（X）]：	//捕捉 I 点

** 镜像（多重）**
指定第二点或[基点（B）/复制（C）/放弃（U）/退出（X）]:　　　//按 Enter 键结束

结果如图 3-43（b）所示。

图 3-43　利用关键点镜像对象

3.3.6　利用关键点编辑功能改变线段、圆弧的长度

选中线段、圆弧等对象，出现关键点，将鼠标光标悬停在关键点上，弹出快捷菜单，如图 3-44 所示。选择【拉长】命令，执行相应功能，按 Ctrl 键切换执行拉伸功能。

图 3-44　关键点编辑功能扩展

3.3.7　上机练习——利用关键点编辑方式绘图

【练习 3-20】　利用关键点编辑方式绘图，如图 3-45 所示。

练习3-20 利用关键点
编辑方式绘图

图 3-45　利用关键点编辑方式绘图（1）

主要作图步骤如图 3-46 所示。

图 3-46　主要作图步骤

【练习 3-21】　利用关键点编辑方式绘图，如图 3-47 所示。

图 3-47　利用关键点编辑方式绘图（2）

　图中图形对象的分布形式，可利用关键点编辑方式一次形成。

3.4 编辑图形元素属性

　　在 AutoCAD 中，对象属性是指系统赋予对象的包括颜色、线型、图层、高度及文字样式等的特性，如直线和曲线包含图层、线型及颜色等属性项目，而文本则具有图层、颜色、字体及字高等特性。改变对象属性一般可通过 PROPERTIES 命令，使用该命令时，AutoCAD 打开【特性】对话框，该对话框列出所选对象的所有属性，用户通过此对话框就可以很方便地进行修改。

　　改变对象属性的另一种方法是采用 MATCHPROP 命令，该命令可以使被编辑对象的属性与指定的源对象的属性完全相同，即把源对象的属性传递给目标对象。

3.4.1 用 PROPERTIES 命令改变对象属性

下面通过修改非连续线当前线型比例因子的例子来说明 PROPERTIES 命令的用法。

【练习3-22】 打开素材文件"dwg\第 3 章\3-22.dwg"，如图 3-48（a）所示，用 PROPERTIES 命令将其修改为图 3-48（b）所示的图形。

选择非连续线
当前对象线型比例因子=1
（a）

修改结果
当前对象线型比例因子=2
（b）

练习3-22 编辑图形元素属性

图 3-48 修改非连续线外观

（1）选择要编辑的非连续线，如图 3-48（a）所示。

（2）单击鼠标右键，选择【特性】命令，或者输入 PROPERTIES 命令，AutoCAD 打开【特性】对话框，如图 3-49 所示。根据所选对象不同，【特性】对话框中显示的属性项目也不同，但有一些属性项目几乎是所有对象所拥有的，如颜色、图层、线型等。当在绘图区中选择单个对象时，【特性】对话框就显示此对象的特性。若选择多个对象，则【特性】窗口显示它们所共有的特性。

图 3-49 【特性】对话框

（3）单击【线型比例】文本框，该比例因子默认值是"1"，输入新线型比例因子"2"后，按 Enter 键，图形窗口中的非连续线立即更新，显示修改后的结果，如图 3-48（b）所示。

3.4.2 对象特性匹配

MATCHPROP 命令非常有用，用户可使用此命令将源对象的属性（如颜色、线型、图层及线型比例等）传递给目标对象。操作时，用户要选择两个对象，第 1 个是源对象，第 2 个是目标对象。

【练习3-23】 打开素材文件"dwg\第 3 章\3-23.dwg"，如图 3-50（a）所示，用 MATCHPROP 命令将其修改为图 3-50（b）所示的图形。

源对象

目标对象

（a）　　　　　　　　（b）

练习3-23 对象特性匹配

图 3-50 对象特性匹配

（1）单击【默认】选项卡中【剪贴板】面板上的按钮，或者输入 MATCHPROP 命令，

AutoCAD 提示如下。

命令: '_matchprop
选择源对象:　　　　　　　　　　　　　//选择源对象，如图 3-50（a）所示
选择目标对象或[设置（S）]:　　　　　　//选择第 1 个目标对象
选择目标对象或[设置（S）]:　　　　　　//选择第 2 个目标对象
选择目标对象或[设置（S）]:　　　　　　//按 Enter 键结束

选择源对象后，鼠标光标变成类似"刷子"的形状，此时选择接受属性匹配的目标对象，结果如图 3-50（b）所示。

（2）如果用户仅想使目标对象的部分属性与源对象相同，可在选择源对象后，键入"S"，此时，AutoCAD 打开【特性设置】对话框，如图 3-51 所示。默认情况下，AuotCAD 选中该对话框中所有源对象的属性进行复制，但用户也可指定仅将其中的部分属性传递给目标对象。

图 3-51　【特性设置】对话框

3.5 综合练习——巧用编辑命令绘图

【练习 3-24】　用 LINE、COPY、ARRAY、ROTATE 等命令绘图，如图 3-52 所示。

图 3-52　用 LINE、COPY、ARRAY、ROTATE 等命令绘图

【练习 3-25】 用 ROTATE、ALIGN 等命令及关键点编辑方式绘图，如图 3-53 所示。

练习3-25 利用关键点
编辑方式绘图

图 3-53 利用关键点编辑方式绘图

主要作图步骤如图 3-54 所示。

图 3-54 主要作图步骤

【练习 3-26】 利用 LINE、CIRCLE、ARRAY 等命令绘制平面图形，如图 3-55 所示。

练习3-26 利用LINE、
CIRCLE、ARRAY等命令
绘图

图 3-55 利用 LINE、CIRCLE、ARRAY 等命令绘图

3.6 | 综合练习——绘制墙面展开图

【练习 3-27】 用 LINE、OFFSET、ARRAY 等命令绘制图 3-56 所示的墙体展开图。

图 3-56 绘制墙体展开图

（1）创建以下图层。

名称	颜色	线型	线宽
墙面-轮廓	白色	Continuous	0.7
墙面-装饰	青色	Continuous	默认

（2）设定绘图区域大小为 20000×10000。

（3）打开极轴追踪、对象捕捉及自动追踪功能。指定极轴追踪角度增量为 90°，设定对象捕捉方式为"端点""交点"，设置仅沿正交方向自动追踪。

（4）切换到"墙面-轮廓"层，用 LINE 命令绘制墙面轮廓线，如图 3-57 所示。

（5）用 LINE、OFFSET 及 TRIM 命令绘制图形 A，如图 3-58 所示。

图 3-57 绘制墙面轮廓线

图 3-58 绘制图形 A

（6）用 LINE 命令绘制正方形 B，然后用 ARRAY 命令创建矩形阵列，相关尺寸如图 3-59（a）所示，结果如图 3-59（b）所示。

(a)　　　　　　　　　　　　　　　(b)

图 3-59 绘制正方形并创建矩形阵列

（7）用 OFFSET、TRIM 及 COPY 命令绘制图形 C，细节尺寸如图 3-60（a）所示，结果如图 3-60（b）所示。

（8）用 OFFSET、TRIM 及 COPY 命令绘制图形 D，细节尺寸如图 3-61（a）所示，结果如图 3-61（b）所示。

图 3-60　绘制图形 C　　　　　　图 3-61　绘制图形 D

3.7　综合练习——绘制顶棚平面图

【练习 3-28】　用 PLINE、LINE、OFFSET、ARRAY 等命令绘制图 3-62 所示的顶棚平面图。

图 3-62　绘制顶棚平面图

（1）创建以下图层。

名称	颜色	线型	线宽
顶棚-轮廓	白色	Continuous	0.7
顶棚-装饰	青色	Continuous	默认

（2）设定绘图区域大小为 15000×10000。

（3）打开极轴追踪、对象捕捉及自动追踪功能。指定极轴追踪角度增量为 90°，设定对象捕捉方式为"端点""交点"，设置仅沿正交方向自动追踪。

（4）切换到"顶棚-轮廓"层，用 LINE、PLINE 及 OFFSET 命令绘制顶棚轮廓线及图形 A 等。细节尺寸如图 3-63（a）所示，结果如图 3-63（b）所示。

（5）切换到"顶棚-装饰"层，用 OFFSET、TRIM、LINE、COPY 及 MIRROR 等命令绘制图形 B。细节尺寸如图 3-64（a）所示，结果如图 3-64（b）所示。

图 3-63 绘制顶棚轮廓线及图形 *A* 等

图 3-64 形成图形 *B*

（6）用 OFFSET、TRIM、ARRAY 等命令绘制图形 *C*。细节尺寸如图 3-65（a）所示，结果如图 3-65（b）所示。

（7）用 XLINE、LINE、OFFSET、TRIM、ARRAY 等命令绘制图形 *D*。细节尺寸如图 3-66（a）所示，结果如图 3-66（b）所示。

图 3-65 形成图形 *C*

图 3-66 形成图形 *D*

习　题

1. 绘制图 3-67 所示的图形。
2. 绘制图 3-68 所示的图形。
3. 绘制图 3-69 所示的图形。
4. 绘制图 3-70 所示的图形。
5. 绘制图 3-71 所示的图形。

图 3-67 绘制平面图形（1）

图 3-68 绘制平面图形（2）

图 3-69　绘制平面图形（3）

图 3-70　绘制平面图形（4）

图 3-71　绘制平面图形（5）

第4章

绘制和编辑平面图形（三）

【学习目标】

- 掌握创建及编辑多线和多段线的方法。
- 学会绘制等分点和测量点。
- 学会创建圆环及圆点。
- 了解利用面域对象构建图形的方法。

通过本章的学习，读者将掌握创建多段线、多线、点对象、圆环及面域等的方法。

4.1 绘制曲线及填充剖面图案

本节主要内容包括绘制样条线、徒手线、云状线及填充剖面图案。

4.1.1 课堂实训——填充剖面图案

实训的任务是绘制图 4-1 所示的平面图形，该图形包含了 3 种形式的图案：ANSI31、AR-CONC、EARTH。

图 4-1　图案填充

【练习 4-1】 绘制有剖面图案的图形，如图 4-1 所示。

（1）在 6 个小椭圆内填充图案，如图 4-2 所示。图案名称为 ANSI31，角度为 45°，填充比例为 0.5。

练习4-1 填充剖面
图案

（2）在 6 个小圆内填充图案，如图 4-3 所示。图案名称为 ANSI31，角度为–45°，填充比例为 0.5。

图 4-2 在椭圆内填充图案

图 4-3 在 6 个小圆内填充图案

（3）在区域 *A* 中填充图案，如图 4-4 所示。图案名称为 AR-CONC，角度为 0°，填充比例为 0.05。

（4）在区域 *B* 中填充图案，如图 4-5 所示。图案名称为 EARTH，角度为 0°，填充比例为 1。

图 4-4 在区域 *A* 中填充图案

图 4-5 在区域 *B* 中填充图案

4.1.2 绘制样条曲线

用户可用 SPLINE 命令绘制光滑曲线，此线是非均匀有理 B 样条线，AutoCAD 通过拟合给定的一系列数据点形成这条曲线。绘制时，用户可以设定样条线的拟合公差，拟合公差控制着样条曲线与指定拟合点间的接近程度。公差值越小，样条曲线与拟合点越接近。若公差值为 0，则样条线通过拟合点。

1. 命令启动方法

- 菜单命令：【绘图】/【样条曲线】/【拟合点】或【绘图】/【样条曲线】/【控制点】。
- 面板：【默认】选项卡中【绘图】面板上的 ✍ 或 ✍ 按钮。
- 命令：SPLINE 或简写 SPL。

练习4-2 绘制样条
曲线

【练习 4-2】 练习 SPLINE 命令。

单击【绘图】面板上的 ✍ 按钮。

```
指定第一个点或[方式（M）/节点（K）/对象（O）]:          //拾取点 A，如图 4-6 所示
输入下一个点或[起点切向（T）/公差（L）]:                //拾取点 B
```

输入下一个点或[端点相切（T）/公差（L）/放弃（U）]:　　　　//拾取点 C
输入下一个点或[端点相切（T）/公差（L）/放弃（U）/闭合（C）]://拾取点 D
输入下一个点或[端点相切（T）/公差（L）/放弃（U）/闭合（C）]://拾取点 E
输入下一个点或[端点相切（T）/公差（L）/放弃（U）/闭合（C）]://按 Enter 键结束命令

结果如图 4-6 所示。

2. 命令选项

图 4-6　绘制样条曲线

- 方式（M）：控制是使用拟合点还是使用控制点来创建样条曲线。

- 节点（K）：指定节点参数化，它是一种计算方法，用来确定样条曲线中连续拟合点之间的零部件曲线如何过渡。

- 对象（O）：将二维或三维的二次或三次样条曲线拟合多段线转换成等效的样条曲线。

- 起点切向（T）：指定在样条曲线起点的相切条件。

- 端点相切（T）：指定在样条曲线终点的相切条件

- 公差（L）：指定样条曲线可以偏离指定拟合点的距离。

- 闭合（C）：使样条曲线闭合。

4.1.3　徒手画线

SKETCH 可以作为徒手绘图的工具，发出此命令后，通过移动鼠标光标就能绘制出曲线（徒手画线），光标移动到哪里，线条就画到哪里。徒手画线是由许多小线段组成的，用户可以设置线段的最小长度。当从一条线的端点移动一段距离，而这段距离又超过了设定的最小长度值时，系统就产生新的线段。因此，如果设定的最小长度值较小，那么所绘曲线中就会包含大量的微小线段，从而增加图样的大小；否则，若设定了较大的数值，则绘制的曲线看起来就像连续折线。

练习4-3　徒手画线

系统变量 SKPOLY 控制徒手画线是否是一个单一对象，当设置 SKPOLY 为"1"时，用 SKETCH 命令绘制的曲线是一条单独的多段线。

【练习 4-3】 绘制一个半径为 R50 的辅助圆，然后在圆内用 SKETCH 命令绘制树木图例，如图 4-7 所示。

命令：skpoly　　　　　　　　　　　　//设置系统变量
输入 SKPOLY 的新值 <0>: 1　　　　　　//使徒手画成为多段线
命令：sketch
记录增量 <1.0000>: 1.5　　　　　　　//设定线段的最小长度
徒手画。画笔（P）/退出（X）/结束（Q）/记录（R）/删除（E）/连接（C）。
<笔落>　　　　　　　　　　　　　　//输入"P"落下画笔，然后移动鼠标光标画曲线
<笔提>　　　　　　　　　　　　　　//输入"P"抬起画笔，移动鼠标光标到要画线的位置
<笔落>　　　　　　　　　　　　　　//输入"P"落下画笔，继续画曲线
<笔提>　　　　　　　　　　　　　　//按 Enter 键结束

继续绘制其他线条，结果如图 4-7 所示。

图 4-7　徒手画线

　单击鼠标左键，也可改变系统的抬笔或落笔状态

4.1.4　画云状线

云状线是由连续圆弧组成的多段线，线中弧长的最大值及最小值可以设定。

1. 命令启动方法
- 菜单命令：【绘图】/【修订云线】。
- 工具栏：【默认】选项卡中【绘图】面板上的 按钮。
- 命令：REVCLOUD。

【练习 4-4】　练习 REVCLOUD 命令。

练习4-4　绘制云状线

```
命令：_revcloud
最小弧长：10　最大弧长：20　样式：普通
指定起点或[弧长（A）/对象（O）/样式（S）] <对象>：a
                            //设定云线中弧长的最大值及最小值
指定最小弧长 <35>：40        //输入弧长最小值
指定最大弧长 <40>：60        //输入弧长最大值
指定起点或[弧长（A）/对象（O）/样式（S）] <对象>：//拾取一点以指定云线的起始点
沿云线路径引导十字光标...      //拖动鼠标光标，画出云状线
修订云线完成。                //当鼠标光标移动到起始点时，系统自动形成闭合云线
```

结果如图 4-8 所示。

2. 命令选项
- 弧长（A）：设定云状线中弧线长度的最大值及最小值，最大弧长不能大于最小弧长的 3 倍。
- 对象（O）：将闭合对象（如矩形、圆及闭合多段线等）转化为云状线，还能调整云状线中弧线的方向，如图 4-9 所示。

图 4-8　画云状线　　　　图 4-9　将闭合对象转化为云状线

4.1.5　在封闭区域内填充及编辑剖面图案

工程图中的剖面线一般总是绘制在一个对象或几个对象围成的封闭区域中。简单的如一个

圆或一条闭合的多义线等，较复杂的可能是几条线或圆弧围成的形状多样的区域。在绘制剖面线时，用户首先要指定填充边界。一般可用两种方法选定画剖面线的边界：一种是在闭合的区域中选一点，AutoCAD 自动搜索闭合的边界；另一种是通过选择对象来定义边界。AutoCAD 为用户提供了许多标准填充图案，用户也可定制自己的图案，此外，还能控制剖面图案的疏密及剖面线条的倾角。

BHATCH 命令用于生成填充图案。启动该命令，打开【图案填充创建】选项卡，用户在此选项卡中指定填充图案类型，再设定填充比例、角度及填充区域，然后就可以创建图案填充了。

练习4-5 填充及编辑剖面图案

命令启动方法如下。
- 菜单命令：【绘图】/【图案填充】。
- 工具栏：【默认】选项卡中【绘图】面板上的 按钮。
- 命令：BHATCH 或简写 BH。

【练习 4-5】 打开素材文件 "dwg\第 4 章\4-5.dwg"，如图 4-10（a）所示，下面用 BHATCH 命令将其修改为图 4-10（b）所示的图形。

　　　　　　（a）　　　　　　　　　（b）

图 4-10　在封闭区域内画剖面线

（1）启动图案填充命令，打开【图案填充创建】选项卡，如图 4-11 所示。

（2）在【图案】面板上选择剖面图案【AR-CONC】，在【特性】面板的【角度】栏中输入图案旋转角度值 "0"，在【比例】栏中输入 "1.25"，如图 4-11 所示。

图 4-11　【图案填充创建】选项卡

（3）单击 按钮（拾取点），AutoCAD 提示 "拾取内部点"，在想要填充的区域内单击 A 点，系统显示填充效果，如图 4-10 所示。

（4）观察填充的预览图，若满意，单击 按钮结束。

（5）编辑剖面图案。选择剖面图案，AutoCAD 打开【图案填充编辑器】选项卡，该选项卡与【图案填充创建】选项卡类似。通过此编辑器，用户可修改图案类型、角度及比例等。

在【特性】面板的【角度】栏中输入的数值并不是剖面线与 x 轴的倾斜角度，而是剖面线以初始方向为起始位置的转动角度。该值可正，可负，若是正值，则剖面线沿逆时针方向转动，否则，按顺时针方向转动。对于 "ANSI31" 图案，当分别输入角度值 "−45" "90" 和 "15" 时，剖面线与 x 轴的夹角分别是 0°、135° 和 60°。

【图案填充创建】选项卡中一些常用选项的功能介绍如下。
- 【图案填充类型】下拉列表：设置图案填充类型，共有 4 个选项，下面分别进行介绍。

【图案】：使用预定义图案进行图样填充，这些图案保存在"acad.pat"和"acadiso.pat"文件中。

【实体】：利用一种颜色进行填充。

【渐变色】：利用一种或两种颜色的渐变色进行填充。

【用户定义】：采用用户定制的图案进行图样填充，这个图案保存在".pat"类型文件中。

- 【拾取点】：单击 ▣ 按钮，然后在填充区域中拾取一点。AutoCAD 自动分析边界集，并从中确定包围该点的闭合边界。

- 【选择】：单击 ▣ 按钮，然后选择一些对象作为填充边界，此时无需对象构成闭合的边界。

- 【删除】：填充边界中常常包含的一些闭合区域，这些区域称为孤岛，若希望在孤岛中也填充图案，则单击 ▣ 按钮，选择要删除的孤岛。

4.1.6　填充复杂图形的方法

在图形不复杂的情况下，常通过在填充区域内指定一点的方法来定义边界。但若图形很复杂，这种方法就会浪费许多时间，因为 AutoCAD 要在当前视口中搜寻所有可见的对象。为避免这种情况，用户可在【图案填充创建】选项卡中定义要搜索的边界集，这样就能很快地生成填充区域边界。

展开【图案填充创建】选项卡的【边界】面板，如图 4-12 所示。单击 ▣ 按钮，选择 AutoCAD 要搜索的图形对象，再单击 ▣ 按钮（拾取点），在填充区域内拾取一点，此时系统仅分析选定的实体来创建填充区域边界。

图 4-12　展开【边界】面板

4.1.7　创建无完整边界的图案填充

在建筑图中有一些断面图案没有完整的填充边界，如图 4-13 所示。形成此类图案的方法如下。

（1）在封闭的区域中填充图案，然后删除部分或全部边界对象。

（2）将不需要的边界对象修改到其他图层上，关闭或冻结此图层使边界对象不可见。

图 4-13　形成无完整边界的图案填充

（3）在断面图案内绘制一条辅助线，以此线为剪切边修剪图案，再删除辅助线。

4.1.8　剖面图案的比例

在 AutoCAD 中，剖面图案的默认缩放比例是 1.0，但用户可在【图案填充创建】选项卡的【比例】栏中设定其他比例值。绘制图案时，若没有指定特殊比例值，则 AutoCAD 按默认值创建图案，当输入一个不同于默认值的图案比例时，可以增加或减小剖面图案的间距，如图 4-14 所示。

图 4-14　不同比例剖面线的形状

　如果使用了过大的填充比例，就可能观察不到剖面图案，这是因为图案间距太大而不能在区域中插入任何一个图案。

4.1.9　剖面图案的角度

除图案间距可以控制外，图案的倾斜角度也可以控制。读者可能已经注意到在【图案填充创建】选项卡的【角度】栏中，图案的角度是 0，而此时图案（ANSI31）与 x 轴夹角却是 45°。因此，在【角度】栏中显示的角度值并不是图案与 x 轴的倾斜角度，而是图案以 45°线方向为起始位置的转动角度。

当分别输入角度值"45""90"和"15"时，图案将逆时针转动到新的位置，它们与 x 轴的夹角分别是 90°、135° 和 60°，如图 4-15 所示。

图 4-15　输入不同角度时的剖面线

4.1.10　创建注释性填充图案

在工程图中填充图案时，要考虑打印比例对于最终图案疏密程度的影响。一般应设定图案填充比例为打印比例的倒数，这样打印出图后，图纸上图案的间距与最初系统的定义值一致。为实现这一目标，也可以采用另外一种方式，即创建注释性图案。在【图案填充创建】选项卡的【选项】面板中按下 按钮，就生成注释性填充图案。

注释性图案具有注释比例属性，比例值为当前系统设置值，单击图形窗口状态栏上的 1:2 按钮，可以设定当前注释比例值。选择注释对象，通过右键快捷菜单上的【特性】命令可添加或去除注释对象的注释比例。

可以认为注释比例就是打印比例，只要使得注释对象的注释比例、系统当前注释比例与打印比例一致，就能保证出图后图案填充的间距与系统的原始定义值相同。

4.1.11 上机练习——绘制植物及填充图案

【练习4-6】 打开素材文件"dwg\第4章\4-6.dwg",如图4-16(a)所示,用 PLINE、SPLINE 及 BHATCH 等命令将其修改为图4-16(b)所示的图形。

（a） （b）

图4-16 画植物及填充图案

（1）用 PLINE、SPLINE 及 SKETCH 命令绘制植物及石块,再用 REVCLOUD 命令画云状线,云状线的弧长为100,该线代表水平面,如图4-17所示。

（2）用 PLINE 命令绘制辅助线 A、B、C,然后填充剖面图案,结果如图4-18所示。

图4-17 绘制植物、石块及水平面　　　图4-18 填充剖面图案

- 石块的剖面图案为 ANSI33,角度为0°,填充比例为16。
- 区域 D 中的图案为 AR-SAND,角度为0°,填充比例为0.5。
- 区域 E 中有两种图案,分别为 ANSI31 和 AR-CONC,角度都为0°,填充比例分别为16和1。
- 区域 F 中的图案为 AR-CONC,角度为0°,填充比例为1。
- 区域 G 中的图案为 GRAVEL,角度为0°,填充比例为8。
- 其余图案为 EARTH,角度为45°,填充比例为12。

（3）删除辅助线,结果如图4-16（b）所示。

4.1.12 上机练习——绘制椭圆、多边形及填充剖面图案

【练习4-7】 绘制图4-19所示的图形。

（1）设定绘图区域大小为 800×800。

（2）打开极轴追踪、对象捕捉及自动追踪功能。指定极轴追踪角度增量为90°,设定对象捕捉方式为"端点""交点",设置仅沿正交方向自动追踪。

图 4-19　绘制椭圆、多边形及填充剖面图案

（3）用 LINE、ARC、PEDIT 及 OFFSET 命令绘制图形 A，如图 4-20 所示。

（4）用 OFFSET、TRIM、LINE 及 COPY 命令绘制图形 B、C，细节尺寸及结果如图 4-21 所示。

图 4-20　绘制图形 A　　　　　　　　　　图 4-21　绘制图形 B、C

（5）用 ELLIPSE、POLYGON、LINE 及 COPY 命令绘制图形 D、E，细节尺寸及结果如图 4-22 所示。

（6）填充剖面图案，结果如图 4-23 所示。

- 区域 F 中有两种图案，分别为 ANSI31 和 AR-CONC，角度都为 0°，填充比例分别为 5 和 0.2。
- 区域 G 中的图案为 LINE，角度为 0°，填充比例为 2。
- 区域 H 中的图案为 ANSI32，角度为 45°，填充比例为 1.5。
- 区域 I 中的图案为 SOLID。

图 4-22　绘制图形 D、E　　　　　　　　　图 4-23　填充剖面图案

【练习 4-8】　利用 LINE、OFFSET、ARRAY、HATCH 等命令绘制平面图形，如图 4-24 所示。

图 4-24　用 LINE、OFFSET、ARRAY、HATCH 等命令绘图

4.2 点对象、圆点及圆环

本节主要介绍点对象、等分点、测量点及圆环。

4.2.1　课堂实训——创建箭头、圆点及圆环

实训的任务是绘制图 4-25 所示的平面图形，该图形包含箭头、圆点及实心矩形。

【练习 4-9】　利用 LINE、PLINE、DONUT 等命令绘制平面图形，如图 4-25 所示。图中箭头及实心矩形用 PLINE 命令绘制。

练习4-9　创建箭头、圆点及圆环

图 4-25　用 LINE、PLINE、DONUT 等命令绘图

4.2.2 设置点样式

在 AutoCAD 中可创建单独的点对象，点的外观由点样式控制。一般在创建点之前要先设置点的样式，但也可先绘制点，再设置点样式。

单击【默认】选项卡中【实用工具】面板上的 点样式按钮或选取菜单命令【格式】/【点样式】，AutoCAD 打开【点样式】对话框，如图 4-26 所示。该对话框提供了多种样式的点，用户可根据需要进行选择，此外，还能通过【点大小】文本框指定点的大小。点的大小既可相对于屏幕大小来设置，也可直接输入点的绝对尺寸。

图 4-26 【点样式】对话框

4.2.3 创建点

POINT 命令用于创建点对象，此类对象可以作为绘图的参考点，节点捕捉"NOD"可以拾取该对象。

命令启动方法如下。

- 菜单命令:【绘图】/【点】/【多点】。
- 面板:【默认】选项卡中【绘图】面板上的 按钮。
- 命令: POINT 或简写 PO。

【练习 4-10】 练习 POINT 命令。

```
命令: _point
指定点:
//输入点的坐标或在屏幕上拾取点，AutoCAD 在指定位置创建点对象，如图 4-27 所示
*取消*                                                    //按 Esc 键结束
```

图 4-27 创建点对象

若将点的尺寸设置成绝对数值，则缩放图形后将引起点的大小发生变化。而相对于屏幕大小设置点尺寸时，则不会出现这种情况（要用 REGEN 命令重新生成图形）。

4.2.4 画测量点

MEASURE 命令用于在图形对象上按指定的距离放置点对象（POINT 对象），这些点可用

"NOD"进行捕捉。对于不同类型的图形元素，测量距离的起始点是不同的。如果是线段或非闭合的多段线，则起点是离选择点最近的端点。如果是闭合多段线，则起点是多段线的起点。如果是圆，就以捕捉角度的方向线与圆的交点为起点开始测量，捕捉角度可在【草图设置】对话框的【捕捉及栅格】选项卡中设定。

1. 命令启动方法

- 菜单命令:【绘图】/【点】/【定距等分】。
- 面板:【默认】选项卡中【绘图】面板上的⚒按钮。
- 命令: MEASURE 或简写 ME。

练习4-11 画测量点

【练习4-11】 练习 MEASURE 命令。

打开素材文件"dwg\第 4 章\4-11.dwg"，如图 4-28 所示，用 MEASURE 命令创建两个测量点 C、D。

```
命令: _measure
选择要定距等分的对象:              //在 A 端附近选择对象，如图 4-28 所示
指定线段长度或[块（B）]: 160       //输入测量长度
命令:
MEASURE                           //重复命令
选择要定距等分的对象:              //在 B 端处选择对象
指定线段长度或[块（B）]: 160       //输入测量长度
```

结果如图 4-28 所示。

图 4-28　测量对象

2. 命令选项

- 块（B）: 按指定的测量长度在对象上插入图块（在第 8 章中将介绍块对象）。

4.2.5　画等分点

DIVIDE 命令用于根据等分数目在图形对象上放置等分点，这些点并不分割对象，只是标明等分的位置。AutoCAD 中可等分的图形元素包括线段、圆、圆弧、样条线和多段线等。对于圆，等分的起始点位一般位于 0°角方向线与圆的交点处。

1. 命令启动方法

- 菜单命令:【绘图】/【点】/【定数等分】。
- 面板:【默认】选项卡中【绘图】面板上的⚒按钮。
- 命令: DIVIDE 或简写 DIV。

练习4-12 画等分点

【练习4-12】 练习 DIVIDE 命令。

打开素材文件"dwg\第 4 章\4-12.dwg"，如图 4-29 所示，用 DIVIDE 命令创建等分点。

```
命令: DIVIDE
```

选择要定数等分的对象：	//选择线段，如图 4-29 所示
输入线段数目或[块（B）]: 4	//输入等分的数目
命令：	
DIVIDE	//重复命令
选择要定数等分的对象：	//选择圆弧
输入线段数目或[块（B）]: 5	//输入等分数目

结果如图 4-29 所示。

图 4-29　等分对象

2. 命令选项

块（B）: AutoCAD 在等分处插入图块。

4.2.6　绘制圆环及圆点

DONUT 命令用于创建填充圆环或实心填充圆。启动该命令后，用户依次输入圆环内径、外径

练习4-13　绘制圆环及圆点

及圆心，AutoCAD 就生成圆环。若要画实心圆，则指定内径为"0"即可。

命令启动方法如下。

- 菜单命令：【绘图】/【圆环】。
- 面板：【默认】选项卡中【绘图】面板上的按钮。
- 命令：DONUT 或简写 DO。

【练习 4-13】　练习 DONUT 命令的使用。

命令：_donut	//启动创建圆环命令
指定圆环的内径 <2.0000>: 3	//输入圆环内径
指定圆环的外径 <5.0000>: 6	//输入圆环外径
指定圆环的中心点或<退出>:	//指定圆心
指定圆环的中心点或<退出>:	//按 Enter 键结束

结果如图 4-30 所示。

图 4-30　绘制圆环

DONUT 命令生成的圆环实际上是具有宽度的多段线，用户可用 PEDIT 命令编辑该对象，此外，还可以设定是否对圆环进行填充。当把变量 FILLMODE 设置为"1"时，系统将填充圆环；否则，不填充。

4.2.7 上机练习——绘制多段线、实心矩形、圆点及圆环等构成的图形

【练习4-14】 利用 LINE、PEDIT、DIVIDE 等命令绘制平面图形，如图 4-31 所示。

练习4-14 绘制多段线、实心矩形、圆点及圆环等构成的图形

图 4-31 用 LINE、PEDIT、DIVIDE 等命令绘图

 圆沿中心线均布可以采用两种方法绘制：第一种是将中心线编辑成多段线，将圆沿多段线阵列；第二种是在多段线上创建等分点，然后复制圆。

【练习4-15】 利用 LINE、PLINE、DONUT 等命令绘制平面图形，尺寸自定，如图 4-32 所示。图形轮廓及箭头都是多段线。

图 4-32 用 LINE、PLINE、DONUT 等命令绘图

4.2.8 上机练习——绘制钢筋混凝土梁的断面图

【练习4-16】 绘制图 4-33 所示的钢筋混凝土梁的断面图。混凝土保护层的厚度为 25。

（1）创建以下图层。

名称	颜色	线型	线宽
结构-轮廓	白色	Continuous	默认
结构-钢筋	白色	Continuous	0.7

图 4-33　绘制梁的断面图

（2）设定绘图区域大小为 1000×1000。

（3）打开极轴追踪、对象捕捉及自动追踪功能。指定极轴追踪角度增量为 90°，设定对象捕捉方式为"端点""交点"，设置仅沿正交方向自动追踪。

（4）切换到"结构-轮廓"层，画两条作图基准线 A、B，其长度约为 700，如图 4-34（a）所示。用 OFFSET 及 TRIM 命令绘制梁断面轮廓线及钢筋线，再用 PLINE 命令绘制折断线，结果如图 4-34（b）所示。

（5）用 LINE 命令绘制线段 E、F，再用 DONUT、COPY 及 MIRROR 命令绘制黑色圆点，然后将钢筋线及黑色圆点修改到"结构-钢筋"层上。相关尺寸如图 4-35（a）所示，结果如图 4-35（b）所示。

（a）　　　　　　　　（b）

图 4-34　画梁断面轮廓线及钢筋线

（a）　　　　　　　　（b）

图 4-35　画线段 E、F 及黑色圆点

 绘制黑色圆点沿水平、竖直或倾斜方向的均匀分布，可以利用复制命令的"阵列"选项或者使用路径阵列命令。

4.3　合并对象

JOIN 命令具有以下功能。

（1）把相连的直线及圆弧等对象合并为一条多段线，

（2）将共线的、断开的线段连接为一条线段。

（3）把重叠的直线或圆弧合并为单一对象。

命令启动方法如下。

- 菜单命令：【修改】/【合并】。
- 面板：【修改】面板上的 ↦ 按钮。
- 命令：JOIN。

4.4 清理重复对象

OVERKILL 命令用于删除重叠的线段、圆弧和多段线等对象。此外，对局部重叠或相连的共线连象进行合并。启动该命令，选择要编辑的对象，弹出【删除重复对象】对话框，如图 4-36 所示。通过此对话框控制 OVERKILL 处理重复对象的方式。

命令启动方法如下。

- 菜单命令：【修改】/【删除重复对象】。
- 面板：【修改】面板上的 ⚠ 按钮。
- 命令：OVERKILL。

图 4-36　【删除重复对象】对话框

4.5 面域造型

域（REGION）是指二维的封闭图形，它可由直线、多段线、圆、圆弧及样条曲线等对象围成，但应保证相邻对象间共享连接的端点，否则将不能创建域。域是一个单独的实体，具有面积、周长、形心等几何特征，使用它作图与用传统的作图方法截然不同，此时可采用"并""交""差"等布尔运算来构造不同形状的图形。图 4-37 所示为 3 种布尔运算的结果。

"并"运算

"差"运算

"交"运算

图 4-37　布尔运算

4.5.1　创建面域

REGION 命令用于生成面域。启动该命令后，用户选择一个或多个封闭图形，就能创建出面域。

【练习 4-17】　打开素材文件"dwg\第 4 章\4-17.dwg"，如图 4-38 所示，用 REGION 命令

将该图创建成面域。

练习4-17　创建面域

图 4-38　创建面域

单击【绘图】面板上的⬒按钮或输入命令代号 REGION，启动创建面域命令。

命令：_region
选择对象：找到 7 个　　　　　　　　　　//选择矩形及两个圆，如图 4-38 所示
选择对象：　　　　　　　　　　　　　　//按 Enter 键结束

图 4-38 中包含了 3 个闭合区域，因而 AutoCAD 创建了 3 个面域。

面域以线框的形式显示出来，用户可以对面域进行移动、复制等操作，还可用 EXPLODE 命令分解面域，使其还原为原始图形对象。

4.5.2　并运算

并运算用于将所有参与运算的面域合并为一个新面域。

【练习 4-18】　打开素材文件"dwg\第 4 章\4-18.dwg"，如图 4-39（a）所示，用 UNION 命令将其修改为图 4-39（b）所示的图形。

选择菜单命令【修改】/【实体编辑】/【并集】或输入命令代号 UNION，启动并运算命令。

命令：union
选择对象：找到 7 个　　　　　　　　　　//选择 5 个面域，如图 4-39（a）所示
选择对象：　　　　　　　　　　　　　　//按 Enter 键结束

结果如图 4-39（b）所示。

练习4-18　并运算

（a）

（b）

图 4-39　执行并运算

4.5.3　差运算

用户可利用差运算从一个面域中去掉一个或多个面域，从而形成一个新面域。

【练习4-19】 打开素材文件"dwg\第4章\4-19.dwg",如图4-40(a)所示,用SUBTRACT命令将其修改为图4-40(b)所示的图形。

（a） （b）

图4-40 执行差运算

选择菜单命令【修改】/【实体编辑】/【差集】或输入命令代号SUBTRACT,启动差运算命令。

命令: subtract	
选择对象: 找到1个	//选择大圆面域,如图4-40(a)所示
选择对象:	//按 Enter 键
选择对象:总计 4 个	//选择 4 个小圆面域
选择对象	//按 Enter 键结束

结果如图4-40(b)所示。

4.5.4 交运算

交运算可以求出各个相交面域的公共部分。

【练习4-20】 打开素材文件"dwg\第4章\4-20.dwg",如图4-41(a)所示,用INTERSECT命令将其修改为图4-41(b)所示的图形。

（a） （b）

图4-41 执行交运算

选择菜单命令【修改】/【实体编辑】/【交集】或输入命令代号INTERSECT,启动交运算命令。

命令: intersect	
选择对象: 找到2个	//选择圆面域及矩形面域,如图4-41(a)所示
选择对象:	//按 Enter 键结束

结果如图4-41(b)所示。

4.5.5　面域造型应用实例

　　面域造型的特点是通过面域对象的并、交或差运算来创建图形，当图形边界比较复杂时，这种作图法的效率是很高的。要采用这种方法作图，首先必须对图形进行分析，以确定应生成哪些面域对象，然后考虑如何进行布尔运算形成最终的图形。例如，图 4-42 所示的图形可以看成是由一系列矩形面域组成的，对这些面域进行并运算就形成了所需的图形。

　　【练习 4-21】　利用面域造型法绘制图 4-42 所示的图形。

图 4-42　面域及布尔运算

　　（1）绘制两个矩形并将它们创建成面域，结果如图 4-43 所示。

图 4-43　创建面域

　　（2）阵列矩形，再进行镜像操作，结果如图 4-44 所示。

　　（3）对所有矩形面域执行并运算，结果如图 4-45 所示。

图 4-44　阵列面域并镜像

图 4-45　执行并运算

4.6 综合练习——创建多段线、圆点及面域

【练习 4-22】 利用 LINE、PLINE、OFFSET、DONUT 等命令绘制平面图形，如图 4-46 所示。图中实心矩形可采用多段线绘制，或者是绘制矩形后利用颜色填充。圆点沿直线的均布可采用路径阵列命令或是复制命令的"阵列"选项绘制，实心矩形沿曲线的均布也可利用路径阵列命令绘制。

练习4-23 创建多段线、圆点及面域

【练习 4-23】 利用面域造型法绘制图 4-47 所示的图形。

图 4-46 用 LINE、PLINE、OFFSET、DONUT 等命令绘图

图 4-47 面域及布尔运算

4.7 综合练习——画圆环、实心多边形及沿线条均布对象

【练习 4-24】 绘制图 4-48 所示的图形。

图 4-48 绘制椭圆、多边形及填充剖面图案

（1）设定绘图区域大小为 1000×800。

（2）打开极轴追踪、对象捕捉及自动追踪功能。指定极轴追踪角度增量为 90°，设定对象捕捉方式为"端点""交点"，设置仅沿正交方向自动追踪。

（3）画两条作图基准线 A、B，其长度约为 800、400，如图 4-49（a）所示。用 OFFSET、TRIM 及 LINE 命令绘制图形 C，结果如图 4-49（b）所示。

（4）用 LINE、XLINE、OFFSET、COPY、TRIM 及 MIRROR 命令绘制图形 D，细节尺寸及结果如图 4-50 所示。

图 4-49　绘制图形 C　　　　　　　　　　　图 4-50　绘制图形 D

（5）用 LINE、ARC、COPY 及 MIRROR 命令绘制图形 E，细节尺寸及结果如图 4-51 所示。

图 4-51　绘制图形 E

（6）用 DONUT、LINE、SOLID 及 COPY 命令绘制图形 F、G 等，细节尺寸及结果如图 4-52 所示。

（7）画 20×10 的实心矩形，然后用路径阵列命令将实心矩形沿直线及圆弧均布，结果如图 4-53 所示。

图 4-52　绘制图形 F、G 等　　　　　　　　图 4-53　将图块沿直线及圆弧均布

习　　题

1. 利用 LINE、DONUT、HATCH 等命令绘制平面图形，如图 4-54 所示。

图 4-54　用 LINE、DONUT、HATCH 等命令绘图

2. 利用 MLINE、PLINE、DONUT 等命令绘制平面图形，如图 4-55 所示。

图 4-55　用 MLINE、PLINE、DONUT 等命令绘图

3. 利用 DIVIDE、DONUT、REGION、UNION 等命令绘制平面图形，如图 4-56 所示。

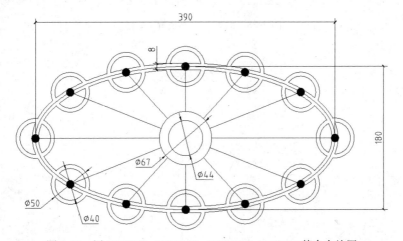

图 4-56　用 DIVIDE、DONUT、REGION、UNION 等命令绘图

4. 利用面域造型法绘制图 4-57 所示的图形。

图 4-57　面域及布尔运算（1）

5. 利用面域造型法绘制图 4-58 所示的图形。

图 4-58　面域及布尔运算（2）

第5章

组合体视图及剖面图

【学习目标】

- 掌握组合体三视图的绘制方法。
- 能够采用全剖或半剖方式表达组合体内部结构。
- 掌握阶梯剖及旋转剖的方法。
- 学会绘制断面图。

通过本章的学习，读者要掌握绘制组合体视图及剖视图的方法与技巧。

5.1 课堂实训——绘制视图及剖视图

实训的任务是绘制图 5-1 所示组合体的三视图，作图步骤如下。

（1）首先绘制主视图的作图基准线，利用基准线通过 OFFSET 及 TRIM 等命令绘制主视图的大致轮廓，然后绘制出主视图细节。

（2）用 XLINE 命令绘制竖直投影线向俯视图投影，再画对称线等，形成俯视图大致轮廓并绘制细节。

（3）将俯视图复制到新位置并旋转 90°，然后分别从主视图和俯视图绘制水平及竖直投影线向左视图投影，形成左视图大致轮廓并绘制细节。

【练习 5-1】 根据轴测图及视图轮廓绘制三视图，如图 5-1 所示。

主要绘图过程如图 5-2 所示。

练习5-1 根据轴测图及视图轮廓绘制三视图

图 5-1　绘制三视图

图 5-2　绘图过程

5.2 根据两个视图绘制第三个视图

【练习 5-2】　打开素材文件"dwg\第 5 章\5-2.dwg"，如图 5-3 所示，根据立体的 V、H 投影，补画 W 投影。

【练习 5-3】　打开素材文件"dwg\第 5 章\5-3.dwg"，如图 5-4 所示，根据立体的 V、W 投影，补画 H 投影。

图 5-3　补画 W 投影（1）

图 5-4　补画 H 投影

【练习5-4】 打开素材文件"dwg\第5章\5-4.dwg",如图 5-5 所示,根据立体的 V、H 投影,补画 W 投影。

【练习5-5】 打开素材文件"dwg\第5章\5-5.dwg",如图 5-6 所示,根据立体的 V、H 投影,补画 W 投影。

练习5-4 绘制第三个
视图（3）

图 5-5 补画 W 投影（2）　　　图 5-6 补画 W 投影（3）

5.3 根据轴测图绘制视图及剖面图

【练习5-6】 根据轴测图绘制立体三视图,如图 5-7 所示。

练习5-6 根据轴测图
绘制视图及剖面图（1）

图 5-7 绘制三视图（1）

【练习5-7】 根据轴测图绘制立体三视图,如图 5-8 所示。

图 5-8 绘制三视图（2）

【练习 5-8】　根据轴测图绘制三视图，平面图为外形视图，其他视图采用半剖方式绘制，如图 5-9 所示。

图 5-9　绘制视图及剖视图（1）

【练习 5-9】　根据立体轴测图及正立面图轮廓绘制视图及 1—1、2—2 剖面图，如图 5-10 所示。

练习5-9　根据轴测图
绘制视图及剖面图（2）

图 5-10　绘制视图及剖视图（2）

5.4 全剖及半剖面图

【练习5-10】 根据立体轴测图及视图轮廓绘制视图，正立面图采用全剖方式绘制，平面图为外形视图，如图 5-11 所示。

练习5-10 全剖及半剖面图（1）

图 5-11 绘制全剖面图（1）

【练习5-11】 根据立体轴测图及视图轮廓绘制视图，正立面图采用全剖方式绘制，平面图为外形视图，如图 5-12 所示。

练习5-11 全剖及半剖面图（2）

图 5-12 绘制全剖面图（2）

【练习 5-12】　根据立体轴测图及视图轮廓绘制视图，正立面图采用全剖方式绘制，平面图为 1—1 半剖面图，如图 5-13 所示。

图 5-13　绘制全剖及半剖面图

【练习 5-13】　根据立体轴测图及视图轮廓绘制视图，正立面图采用全剖方式绘制，其他视图为外形视图，如图 5-14 所示。

图 5-14　绘制全剖面图（3）

5.5

阶梯剖及旋转剖面图

【练习5-14】 根据立体轴测图及视图轮廓绘制1—1、2—2剖面图，如图5-15所示。

图5-15 绘制阶梯剖面图（1）

【练习5-15】 根据立体轴测图及视图轮廓绘制视图，正立面图为阶梯剖面图，平面图为外形图，如图5-16所示。

练习5-15 阶梯剖及旋转剖面图

图5-16 绘制阶梯剖面图（2）

【练习5-16】 根据立体轴测图及视图轮廓绘制视图，正立面图为1—1阶梯剖面图，平面图为外形图，侧立面图为半剖面图，如图5-17所示。

图 5-17 绘制阶梯剖面图及半剖面图

【练习5-17】 根据立体轴测图及视图轮廓绘制视图，正立面图为 1—1 旋转剖面图，平面
图为外形图，如图 5-18 所示。

图 5-18 绘制旋转剖面图

5.6 断面图

【练习5-18】 打开素材文件"dwg\第 5 章\5-18.dwg",如图 5-19 所示,根据梁的视图绘制 1—1、2—2 断面图。

图 5-19 绘制断面图

【练习5-19】 打开素材文件"dwg\第 5 章\5-19.dwg",如图 5-20 所示,根据立体视图绘制 1—1、2—2 及 3—3 断面图。

图 5-20 绘制断面图

习 题

1. 根据轴测图绘制三视图,如图 5-21 所示。

图 5-21 绘制三视图(1)

2. 根据轴测图绘制三视图，如图 5-22 所示。

图 5-22　绘制三视图（2）

3. 根据轴测图绘制三视图，如图 5-23 所示。

图 5-23　绘制三视图（3）

第6章

书写文字

【学习目标】

- 学会如何创建及修改文字样式。
- 掌握创建单行及多行文字的方法。
- 学会如何编辑文字。
- 熟悉创建及编辑表格对象的方法。

本章主要介绍如何创建及编辑单行文字、多行文字和表格对象。

6.1 课堂实训——在建筑图中书写注释性文字

实训的任务是在图纸中书写施工图设计说明,如图 6-1 所示。图幅为 A2 幅面,打印比例为 1:100,文字在图纸上的高度分别为 7、5 和 3.5。

【练习 6-1】 打开素材文件"dwg\第 6 章\6-1.dwg",在图纸中书写建筑施工图设计说明,如图 6-1 所示。

练习6-1 建筑图中书写文字

建筑施工图设计总说明

一、工程概况

建筑面积:500平方米 建筑层数:二层 结构类型:框架结构

建筑耐火等级:二级 屋面防水等级:Ⅱ级

建筑设计合理使用年限:50 年

抗震设防烈度:六度三组

二、施工注意事项

门窗均采用推拉式PVC塑料窗,门均采用平开式塑钢门,施工图中所标门窗尺寸

均为洞口尺寸。施工前先对门窗进行放样,确定无误后并征求甲方同意方可进行施工安装。

图 6-1 书写文字

（1）创建注释性文字样式并使其成为当前样式，与该样式相连的西文字体及中文字体分别是"gbeitc.shx"和"gbcbig.shx"

（2）单击 AutoCAD 状态栏底部的 人1:1▼ 按钮，设定当前注释比例为 1∶100。

（3）用 TEXT 命令创建"工程概况"处的文字，用 MTEXT 命令创建"施工注意事项"处的文字。

6.2 文字样式

在 AutoCAD 中创建文字对象时，它们的外观都由与其关联的文字样式所决定。默认情况下，Standard 文字样式是当前样式，用户也可根据需要创建新的文字样式。

6.2.1　创建国标文字样式

文字样式主要是控制与文本连接的字体文件、字符宽度、文字倾斜角度及高度等项目，另外，还可通过它设计出相反的、颠倒的以及竖直方向的文本。用户可以针对每一种不同风格的文字创建对应的文字样式，这样在输入文本时就可用相应的文字样式来控制文本的外观。例如，用户可建立专门用于控制尺寸标注文字及技术说明文字外观的文本样式。

练习6-2　创建国标文字样式

【练习 6-2】　创建国标文字样式。

（1）选取菜单命令【格式】/【文字样式】或单击【注释】面板上的 A 按钮，打开【文字样式】对话框，如图 6-2 所示。

（2）单击 新建(N)... 按钮，打开【新建文字样式】对话框，在【样式名】文本框中输入文字样式的名称"国标文字样式"，如图 6-3 所示。

图 6-2　【文字样式】对话框

图 6-3　【新建文字样式】对话框

（3）单击 确定 按钮，返回【文字样式】对话框。在【字体名】下拉列表中选择【gbenor.shx】，选中【使用大字体】复选项，然后在【大字体】下拉列表中选择【gbcbig.shx】，如图 6-2 所示。

（4）单击 应用(A) 按钮，完成国标文字样式的创建。

设置字体、字高和特殊效果等外部特征以及修改、删除文字样式等操作都是在【文字样式】对话框中进行的。为了让用户更好地了解文字样式，本书对该对话框的常用选项做了详细介绍。

- 【样式】列表框：该列表框中显示了图样中所有文字样式的名称，用户可从中选择一个，使其成为当前样式。

- 新建(N)... 按钮：单击此按钮，就可以创建新文字样式。

- 删除(D) 按钮：在【样式】列表框中选择一个文字样式，再单击此按钮就可以将该文字样式删除，但当前样式和正在使用的文字样式不能被删除。

- 【字体名】下拉列表：在此列表中罗列了所有的字体。带有双"T"标志的字体是 Windows 系统提供的"TrueType"字体，其他字体是 AutoCAD 自己的字体（*.shx），其中"gbenor.shx"和"gbeitc.shx"（斜体西文）字体是符合国标的工程字体。

- 【使用大字体】：大字体是指专为亚洲国家设计的文字字体。其中，"gbcbig.shx"字体是符合国标的工程汉字字体，该字体文件还包含一些常用的特殊符号。"gbcbig.shx"中不包含西文字体定义，因而可将其与"gbenor.shx"和"gbeitc.shx"字体配合使用。

- 【高度】：输入字体的高度。如果用户在该文本框中指定了文本高度，则当使用 DTEXT（单行文字）命令时，系统将不再提示"指定高度"。

- 【颠倒】：选中此复选项，文字将上下颠倒显示，该选项仅影响单行文字，如图 6-4 所示。

AutoCAD 2012   AⁿⁱoↃAↃ 2012

关闭【颠倒】选项   打开【颠倒】选项

图 6-4　关闭或打开【颠倒】选项

- 【反向】：选中此复选项，文字将首尾反向显示，该选项仅影响单行文字，如图 6-5 所示。

AutoCAD 2012   2102 DAↃoↄuA

关闭【反向】选项   项选【向反】开打

图 6-5　关闭或打开【反向】选项

- 【垂直】：选中此复选项，文字将沿竖直方向排列，如图 6-6 所示。

AutoCAD

A
u
t
o
C
A
D

关闭【垂直】选项　　打开【垂直】选项

图 6-6　关闭或打开【垂直】选项

- 【宽度比例】：默认的宽度因子为 1。若输入小于 1 的数值，则文本变窄，否则文本变宽，如图 6-7 所示。

AutoCAD 2012   AutoCAD 2012

宽度比例因子为 1.0   宽度比例因子为 0.7

图 6-7　调整宽度比例因子

- 【倾斜角度】：该选项用于指定文本的倾斜角度，角度值为正时向右倾斜，为负时向左倾斜，如图 6-8 所示。

AutoCAD 2012　　　　　　　*AutoCAD 2012*

　　倾斜角度为 30º　　　　　　　　　　倾斜角度为-30º

图 6-8　设置文字倾斜角度

6.2.2　在建筑图中使用注释性文字

在建筑图中书写文字时，需要注意的一个问题：尺寸文本的高度应设置为图纸上的实际高度与打印比例倒数的乘积。例如，文本在图纸上的高度为 3.5，打印比例为 1：100，则书写文字时设定文本高度应为 350。

在建筑图中书写说明文字时，也可采用注释性文字，此类对象具有注释比例属性，只需设置注释对象当前注释比例等于出图比例，就能保证出图后文字高度与最初设定值一致。

可以认为注释比例就是打印比例，创建注释文字后，系统自动以当前注释比例的倒数缩放其外观，这样就保证了输出图形后文字外观等于设定值。例如，设定字高为 3.5，设置当前注释比例为 1：100，创建文字后其注释比例为 1：100，显示在图形窗口中的文字外观将放大 100 倍，字高变为 350。这样当以 1：100 比例出图后，文字高度变为 3.5。

若文字样式是注释性的，则与其关联的文字就是注释性的。在【文字样式】对话框中选择【注释性】复选项，就将文字样式修改为注释性文字样式，如图 6-9 所示。

图 6-9　【文字样式】对话框

注释对象可以具有一个或多个注释比例，设定其中之一为当前注释比例，则注释对象外观以该比例值的倒数为缩放因子变大或变小。选择注释对象，通过右键快捷菜单上的【特性】命令可添加或删除注释比例。单击 AutoCAD 状态栏底部的 按钮，可指定注释对象的某个比例值为当前注释比例。

6.2.3　修改文字样式

修改文字样式也是在【文字样式】对话框中进行的，其过程与创建文字样式相似，这里不再重复。

修改文字样式时，读者应注意以下几点。

（1）修改完成后，单击【文字样式】对话框的 应用(A) 按钮，则修改生效，AutoCAD 立即更新图样中与此文字样式关联的文字。

（2）当修改文字样式连接的字体文件时，AutoCAD 将改变所有文字的外观。

（3）当修改文字的"颠倒""反向"和"垂直特性"时，AutoCAD 将改变单行文字的外观。而修改文字高度、宽度比例及倾斜角时，则不会引起已有单行文字外观的改变，但将影响此后创建的文字对象。

（4）对于多行文字，只有【垂直】、【宽度比例】及【倾斜角度】选项才影响已有多行文字的外观。

 如果发现图形中的文本没有正确地显示出来，那么多数情况是由于文字样式所连接的字体不合适。

6.3 单行文字

用 DTEXT 命令可以非常灵活地创建文字项目，发出此命令后，用户不仅可以设定文本的对齐方式及文字的倾斜角度，而且还能用十字光标在不同的地方选取点以定位文本的位置（系统变量 DTEXTED 等于 1），该特性使用户只发出一次命令就能在图形的任何区域放置文本。另外，DTEXT 命令还提供了屏幕预演的功能，即在输入文字的同时该文字也将在屏幕上显示出来，这样用户就能很容易地发现文本输入的错误，以便及时修改。

6.3.1 创建单行文字

启动 DTEXT 命令就可以创建单行文字。默认情况下，该文字关联的文字样式是"Standard"，采用的字体是"txt.shx"。如果要输入中文，用户应修改当前文字样式，使其与中文字体相联，此外，也可创建一个采用中文字体的新文字样式。

1. 命令启动方法
- 菜单命令：【绘图】/【文字】/【单行文字】。
- 面板：【默认】选项卡中【注释】面板上的 A单行文字 按钮。
- 命令：DTEXT 或简写 DT。

练习6-3 单行文字

【练习6-3】 练习使用 TEXT 命令。

（1）打开素材文件"dwg\第 6 章\6-3.dwg"。

（2）创建新文字样式，并使该样式成为当前样式。设置新样式的名称为"工程文字样式"，与其相关联的字体文件是"gbenor.shx"和"gbcbig.shx"。

（3）设置系统变量 DTEXTED 为 1，再执行 DTEXT 命令书写单行文字，如图 6-10 所示。

```
命令: _dtext
指定文字的起点或[对正（J）/样式（S）]:        //在点 A 处单击一点
```

```
指定高度 <4.0000>: 350              //输入文本的高度
指定文字的旋转角度 <0>:             //按 Enter 键指定文本的倾斜角度为 0°
输入文字: 米黄色壁纸               //输入文字
输入文字: 白色乳胶漆               //在点 B 处单击, 并输入文字
输入文字: 石膏顶棚线               //在点 C 处单击, 并输入文字
输入文字: 装饰画                   //在点 D 处单击, 并输入文字
输入文字: 木做踢脚线               //在点 E 处单击, 并输入文字
                                  //按 Enter 键

输入文字: 亚光清漆                 //输入文字
输入文字: 灯具                     //在点 F 处单击, 并输入文字
输入文字: 皮质沙发                 //在点 G 处单击, 并输入文字
输入文字:                         //按 Enter 键结束命令
```

图 6-10　创建单行文字

结果如图 6-10 所示。

2．命令选项

* 样式（S）：指定当前文字样式。
* 对正（J）：设定文字的对齐方式。

用 DTEXT 命令可连续输入多行文字，每行可按 Enter 键结束，但用户不能控制各行的间距。DTEXT 命令的优点是文字对象的每一行都是一个单独的实体，因而对每行进行重新定位或编辑都很容易。

6.3.2　单行文字的对齐方式

发出 DTEXT 命令后，AutoCAD 提示用户输入文本的插入点，此点和实际字符的位置关系由对齐方式"对正（J）"所决定。对于单行文字，AutoCAD 提供了十多种对正选项。默认情况下，文本是左对齐的，即指定的插入点是文字的左基线点，如图 6-11 所示。

文字的对齐方式

左基线点

图 6-11　左对齐方式

如果要改变单行文字的对齐方式，就使用"对正（J）"选项。在"指定文字的起点或[对正（J）/样式（S）]:"提示下，输入"j"，则 AutoCAD 提示如下。

```
[对齐（A）/布满（F）/居中（C）/中间（M）/右对齐（R）/左上（TL）/中上（TC）/右上（TR）/左中（ML）
/正中（MC）/右中（MR）/左下（BL）/中下（BC）/右下（BR）]:
```

下面对以上给出的选项进行详细说明。

* 对齐（A）：使用此选项时，系统提示指定文本分布的起始点和结束点。当用户选定两点并输入文本后，系统会将文字压缩或扩展，使其充满指定的宽度范围，而文字的高度则按适

当比例变化，以使文本不致于被扭曲。

● 布满（F）：使用此选项时，系统增加了"指定高度"的提示。使用此选项也将压缩或扩展文字，使其充满指定的宽度范围，但文字的高度值等于指定的数值。

分别利用"对齐（A）"和"布满（F）"选项在矩形框中填写文字，结果如图 6-12 所示。

图 6-12　利用"对齐（A）"及"调整（F）"选项填写文字

● 居中（C）/中间（M）/右对齐（R）/左上（TL）/中上（TC）/右上（TR）/左中（ML）/正中（MC）/右中（MR）/左下（BL）/中下（BC）/右下（BR）：通过这些选项设置文字的插入点，各插入点的位置如图 6-13 所示。

图 6-13　设置插入点

6.3.3　在单行文字中加入特殊符号

工程图中用到的许多符号都不能通过标准键盘直接输入，如文字的下画线、直径代号等。当用户利用 DTEXT 命令创建文字注释时，必须输入特殊的代码来产生特定的字符，这些代码及对应的特殊符号如表 6-1 所示。

表 6-1　　　　　　　　　　　　特殊字符的代码

代码	字符
%%o	文字的上画线
%%u	文字的下画线
%%d	角度的度符号
%%p	表示"±"
%%c	直径代号

使用表中代码生成特殊字符的样例如图 6-14 所示。

添加%%u特殊%%u字符　　添加特殊字符

%%c100　　　　　　　　ϕ100

%%p0.010　　　　　　　±0.010

图 6-14　创建特殊字符

6.4 使用多行文字

MTEXT 命令可以用于创建复杂的文字说明，用 MTEXT 命令生成的文字段落称为多行文字，它可由任意数目的文字行组成，所有的文字构成一个单独的实体。使用 MTEXT 命令时，用户可以指定文本分布的宽度，但文字沿竖直方向可无限延伸。另外，用户还能设置多行文字中单个字符或某一部分文字的属性（包括文本的字体、倾斜角度和高度等）。

6.4.1 创建多行文字

创建多行文字时，首先要建立一个文本边框，此边框表明了段落文字的左右边界，然后在文本边框的范围内输入文字。文字字高及字体可事先设定或随时修改。

> 钢筋构造要求
> 1. 钢筋保护层为25mm。
> 2. 所有光面钢筋端部均应加弯钩。

图 6-15　创建多行文字

【练习 6-4】　使用 MTEXT 命令创建多行文字，文字内容及样式如图 6-15 所示。

练习6-4 多行文字

（1）设定绘图区域大小为 10000×10000，双击鼠标滚轮，使绘图区域充满绘图窗口显示出来。

（2）单击【注释】面板上的 A 多行文字 按钮，或者键入 MTEXT 命令，AutoCAD 提示如下。

| 指定第一角点： | //在点 A 处单击，如图 6-15 所示 |
| 指定对角点： | //在点 B 处单击 |

（3）AutoCAD 打开【文字编辑器】选项卡，如图 6-16 所示，在【字体】下拉列表中选择【黑体】，在【文字高度】文本框中输入数值"400"，然后键入文字。

图 6-16　输入文字（1）

（4）在【字体】下拉列表中选择【宋体】，在【文字高度】文本框中输入数值 350，然后键入文字，如图 6-17 所示。

（5）单击 X 按钮，结果如图 6-15 所示。

　　当指定了文本边框的第一个角点后，再拖动鼠标光标指定矩形分布区域的另一个角点，一旦建立了文本边框，AutoCAD 就将弹出【文字编辑器】选项卡及顶部带标尺的文字输入框，这两部分组成了多行文字编辑器，如图 6-18 所示。利用此编辑器用户可方便地创建文字并设置文字样式、对齐方式、字体及字高等。

　　用户在文字输入框中输入文本，当文本到达定义边框的右边界时，按 Shift + Enter 键换行（若按 Enter 键换行，则表示已输入的文字构成一个段落）。默认情况下，文字输入框是透明的，用户可以观察到输入的文字与其他对象是否重叠。若要关闭透明特性，可单击【选项】面板上的 更多 按钮，然后选择【编辑器设置】/【不透明背景】命令。

图 6-17　输入文字（2）

图 6-18　多行文字编辑器

下面对多行文字编辑器主要的功能做出说明。

1. 【文字编辑器】选项卡

● 【样式】面板：设置多行文字的文字样式。若将一个新样式与现有的多行文字相关联，则不会影响文字的某些特殊格式，如粗体、斜体、堆叠等。

【文字高度】栏：从此栏中选择或输入文字高度。多行文字对象中可以包含不同高度的字符。

【格式】面板。

【字体】下拉列表：从此列表中选择需要的字体。多行文字对象中可以包含不同字体的字符。

B 按钮：如果所选用的字体支持粗体，则可以通过此按钮将文本修改为粗体形式，按下该按钮为打开状态。

I 按钮：如果所选用的字体支持斜体，则可以通过此按钮将文本修改为斜体形式，按下该按钮为打开状态。

U 按钮：可利用此按钮将文字修改为下画线形式。

$\boxed{O}$按钮：给选定的文字添加上画线。

【文字颜色】下拉列表：为输入的文字设定颜色或修改已选定文字的颜色。

【倾斜角度】文本框：设定文字的倾斜角度。

【追踪】文本框：控制字符间的距离。输入大于 1 的数值，将增大字符间距，否则，缩小字符间距。

【宽度因子】文本框：设定文字的宽度因子。输入小于 1 的数值，文本将变窄，否则，文本变宽。

- 【段落】面板。

$\boxed{\equiv}$、$\boxed{\equiv}$、$\boxed{\equiv}$、$\boxed{\equiv}$、$\boxed{\equiv}$按钮：设定文字的对齐方式，这 5 个按钮的功能分别为左对齐、居中、右对齐、对正和分散对齐。

$\boxed{\text{行距} \cdot}$按钮：设定段落文字的行间距。

$\boxed{\text{项目符号和编号} \cdot}$按钮：给段落文字添加数字编号、项目符号或大写字母形式的编号。

$\boxed{\text{A}}$按钮：设置多行文字的对正方式。

- 【选项】面板。

$\boxed{\text{标尺}}$按钮：打开或关闭文字输入框上部的标尺。

- 【插入】面板。

$\boxed{@}$按钮：单击此按钮，弹出菜单，该菜单上包含了许多常用符号。

2．文字输入框

（1）标尺：设置首行文字及段落文字的缩进，还可设置制表位，操作方法如下。

- 拖动标尺上第一行的缩进滑块，可改变所选段落第一行的缩进位置。
- 拖动标尺上第二行的缩进滑块，可改变所选段落其余行的缩进位置。
- 标尺上显示了默认的制表位，如图 6-18 所示。要设置新的制表位，可用鼠标光标单击标尺。要删除创建的制表位，可用鼠标光标按住制表位，将其拖出标尺。

（2）快捷菜单：在文本输入框中单击鼠标右键，弹出快捷菜单，该菜单中包含了一些标准编辑命令和多行文字特有的命令，如图 6-19 所示（只显示了部分命令）。

- 【符号】：该命令包含以下常用子命令。

【度数】：在鼠标光标定位处插入特殊字符"%%d"，它表示度数符号"°"。

【正/负】：在鼠标光标定位处插入特殊字符"%%p"，它表示加、减符号"±"。

【直径】：在鼠标光标定位处插入特殊字符"%%c"，它表示直径符号"ϕ"。

【几乎相等】：在鼠标光标定位处插入符号"≈"。

【角度】：在鼠标光标定位处插入符号"∠"。

【不相等】：在鼠标光标定位处插入符号"≠"。

【下标 2】：在鼠标光标定位处插入下标"2"。

【平方】：在鼠标光标定位处插入上标"2"。

【立方】：在鼠标光标定位处插入上标"3"。

【其他】：选取该命令，AutoCAD 打开【字符映射表】对话框，在该对话框的【字体】下拉列表中选取字体，则对话框显示所选字体包含的各种字符，如图 6-20 所示。若要插入一个字符，先选择它后单击$\boxed{\text{选择(S)}}$按钮，此时 AutoCAD 将选取的字符放在【复制字符】文本框中，依次选取所有要插入的字符，然后单击$\boxed{\text{复制(C)}}$按钮，关闭【字符映射表】对话框，返回多行文字编辑器,在要插入字符的地方单击鼠标左键,再单击鼠标右键,从弹出的快捷菜单中选取【粘贴】命令,这样就将字符插入多行文字中了。

图 6-19　快捷菜单　　　　　　　图 6-20　【字符映射表】对话框

- 【输入文字】:选取该命令,则 AutoCAD 打开【选择文件】对话框,用户可通过该对话框将其他文字处理器创建的文本文件输入到当前图形中。
- 【项目符号和列表】:给段落文字添加编号及项目符号。
- 【背景遮罩】:在文字后设置背景。
- 【段落对齐】:设置多行文字的对齐方式。
- 【段落】:设定制表位和缩进,控制段落的对齐方式、段落间距和行间距。
- 【查找和替换】:该命令用于搜索及替换指定的字符串。
- 【堆叠】:利用此命令使可层叠的文字堆叠起来,如图 6-21 所示,这对创建分数及公差形式的文字很有用。AutoCAD 通过特殊字符"/""^"及"#"表明多行文字是可堆叠的。输入堆叠文字的方式为"左边文字+特殊字符+右边文字",堆叠后,左面文字被放在右边文字的上面。

图 6-21　堆叠文字

6.4.2　添加特殊字符

下面通过实例演示如何在多行文字中加入特殊字符,文字内容及格式如下。

管道穿墙及穿楼板时,应装 ϕ40的钢制套管。
供暖管道管径DN≤32采用螺纹连接。

练习6-5　特殊字符

【练习6-5】　添加特殊字符。

(1)设定绘图区域大小为 10000×10000,双击鼠标滚轮,使绘图区域充满绘图窗口显示出来。

（2）单击【注释】面板上的 多行文字按钮，再指定文字分布的宽度，打开【文字编辑器】选项卡，在【字体】下拉列表中选择【宋体】，在【文字高度】文本框中输入数值"500"，然后键入文字，如图 6-22 所示。

图 6-22　书写多行文字

（3）在要插入直径符号的位置单击鼠标左键，再指定当前字体为"txt"，然后单击鼠标右键，弹出快捷菜单，选择【符号】/【直径】命令，结果如图 6-23 所示。

图 6-23　插入直径符号

（4）在文本输入窗口中单击鼠标右键，弹出快捷菜单，选择【符号】/【其他】命令，打开【字符映射表】对话框，如图 6-24 所示。

（5）在【字符映射表】对话框的【字体】下拉列表中选择【宋体】，然后选取需要的字符"≤"，如图 6-24 所示。

（6）单击 选择(S) 按钮，再单击 复制(C) 按钮。

图 6-24　【字符映射表】对话框

（7）返回文字输入框，在需要插入"≤"符号的位置单击鼠标左键，然后再单击鼠标右键，弹出快捷菜单，选择【粘贴】命令，结果如图 6-25 所示。

图 6-25　插入"≤"符号

　粘贴符号"≤"后，AutoCAD 将自动回车。

（8）把符号"≤"的高度修改为 500，再将鼠标光标放置在此符号的后面，按 Delete 键，结果如图 6-26 所示。

图 6-26　修改文字高度及调整文字位置

（9）单击 ✕ 按钮完成。

6.5 编辑文字

编辑文字的常用方法如下。

（1）双击文字就可编辑它。对于多行文字，将打开【文字编辑器】选项卡。

（2）使用 DDEDIT 命令编辑单行或多行文字。选择的对象不同，AutoCAD 将打开不同的对话框。对于单行文字，系统显示文本编辑框；对于多行文字，则打开【文字编辑器】选项卡。用 DDEDIT 命令编辑文本的优点：此命令连续地提示用户选择要编辑的对象，因而只要发出 DDEDIT 命令就能一次修改许多文字对象。

（3）用 PROPERTIES 命令修改文本。选择要修改的文字后，再发出 PROPERTIES 命令，AutoCAD 打开【特性】对话框。在该对话框中，用户不仅能修改文本的内容，还能编辑文本的其他许多属性，如倾斜角度、对齐方式、高度和文字样式等。

6.5.1 修改文字内容、字体及字高

练习6-6 编辑文字

【练习6-6】 下面通过练习来学习如何修改文字内容，改变多行文字的字体和字高，调整多行文字边界的宽度以及指定新的文字样式。

使用 DDEDIT 命令编辑单行或多行文字。

（1）打开素材文件"dwg\第 6 章\6-6.dwg"，该文件所包含的文字内容如下。

> 工程说明
> 1. 本工程±0.000 标高所相当的
> 绝对标高由现场决定。
> 2. 混凝土强度等级为 C20。
> 3. 基础施工时，需与设备工种密
> 切配合做好预留洞预留工作。

（2）输入 DDEDIT 命令，系统提示"选择注释对象"，选择文字，打开【文字编辑器】选项卡，如图 6-27 所示。选中标题中的文字"工程"，将其修改为"设计"。

图 6-27　修改文字内容

（3）选中文字"设计说明"，然后在【字体】下拉列表中选择【黑体】，在【字体高度】文本框中输入数值"500"，按 Enter 键，结果如图 6-28 所示。

（4）单击 ✕ 按钮完成。

图 6-28　修改字体及字高

6.5.2　调整多行文字的边界宽度

继续前面的练习，修改多行文字的边界宽度。

（1）选择多行文字，显示对象关键点，如图 6-29（a）所示，激活右边的一个关键点，进入拉伸编辑模式。

（2）向右移动鼠标光标，拉伸多行文字边界，结果如图6-29（b）所示。

（a）　　　　　　　　　　　（b）

图 6-29　拉伸多行文字边界

6.5.3　为文字指定新的文字样式

继续前面的练习，为文字指定新的文字样式。

（1）选择菜单命令【格式】/【文字样式】，打开【文字样式】对话框，利用该对话框创建新文字样式，样式名为"样式-1"，使该文字样式关联中文字体"楷体-GB2312"。

（2）选择所有文字，单击鼠标右键，在弹出的快捷菜单中选择【特性】命令，打开【特性】对话框。在该对话框的【样式】下拉列表中选择"样式-1"，在【文字高度】文本框中输入数值"400"，按 Enter 键，结果如图 6-30 所示。

图 6-30　指定新文字样式并修改文字高度

（3）采用新样式及设定新字高后的文字外观如图 6-31 所示。

设计说明
1. 本工程 ± 0.000标高所相当
的绝对标高由现场定。
2. 混凝土强度等级为C20。
3. 基础施工时，需与设备工
种密切配合做好预留洞预留
工作。

图 6-31　修改后的文字外观

6.6 上机练习——填写表格的技巧

【练习6-7】 给表格中添加文字。

练习6-7 填写表格

（1）打开素材文件"dwg\第6章\6-7.dwg"。

（2）用 DTEXT 命令在表格的第一行中书写文字"门窗编号"，如图 6-32 所示。

门窗编号			

图 6-32　书写单行文字

（3）用 COPY 命令将"门窗编号"由点 *A* 复制到点 *B*、点 *C* 和点 *D*，结果如图 6-33 所示。

图 6-33　复制文字

（4）用 DDEDIT 命令修改文字内容，再用 MOVE 命令调整"洞口尺寸""位置"的位置，结果如图 6-34 所示。

门窗编号	洞口尺寸	数量	位置

图 6-34　修改文字内容并调整其位置

（5）把已经填写的文字向下复制，结果如图 6-35 所示。

门窗编号	洞口尺寸	数量	位置
门窗编号	洞口尺寸	数量	位置
门窗编号	洞口尺寸	数量	位置
门窗编号	洞口尺寸	数量	位置
门窗编号	洞口尺寸	数量	位置

图 6-35　向下复制文字

（6）用 DDEDIT 命令修改文字内容，结果如图 6-36 所示。

门窗编号	洞口尺寸	数量	位置
M1	4260X2700	2	阳台
M2	1500X2700	1	主入口
C1	1800X1800	2	楼梯间
C2	1020X1500	2	卧室

图 6-36　修改文字内容

6.7 创建表格对象

在 AutoCAD 中，用户可以生成表格对象。创建该对象时，系统首先生成一个空白表格，随后用户可在该表中填入文字信息，并可以很方便地修改表格的宽度、高度及表中文字，还可按行、列方式删除表格单元或合并表中的相邻单元。

6.7.1 表格样式

表格对象的外观由表格样式控制。默认情况下，表格样式是"Standard"，但用户可以根据需要创建新的表格样式。"Standard"表格的外观如图 6-37 所示，第一行是标题行，第二行是表头行，其他行是数据行。

图 6-37 "Standard"表格的外观

在表格样式中，用户可以设定标题文字和数据文字的文字样式、字高、对齐方式及表格单元的填充颜色，还可设定单元边框的线宽、颜色以及控制是否将边框显示出来。

命令启动方法如下。

- 菜单命令：【格式】/【表格样式】。
- 面板：【默认】选项卡中【注释】面板上的 按钮。
- 命令：TABLESTYLE。

练习6-8 创建表格

【练习6-8】 创建新的表格样式。

（1）创建新文字样式，新样式名称为"工程文字"，与其相连的字体文件是"gbeitc.shx"和"gbcbig.shx"。

（2）启动 TABLESTYLE 命令，打开【表格样式】对话框，如图 6-38 所示，利用该对话框可以新建、修改及删除表样式。

图 6-38 【表格样式】对话框

（3）单击 新建(N)... 按钮，打开【创建新的表格样式】对话框，在【基础样式】下拉列表中选取新样式的原始样式【Standard】，该原始样式为新样式提供默认设置。在【新样式名】文本框中输入新样式的名称"表格样式-1"，如图 6-39 所示。

（4）单击 继续 按钮，打开【新建表格样式】对话框，如图 6-40 所示。在【单元样式】下拉列表中分别选取【数据】、【标题】、【表头】选项，同时在【文字】选项卡中指定文字样式为"工程文字"，字高为 3.5，在【常规】选项卡中指定文字对齐方式为"正中"。

图 6-39 【创建新的表格样式】对话框　　　　图 6-40 【新建表格样式】对话框

（5）单击 确定 按钮，返回【表格样式】对话框，再单击 置为当前(U) 按钮，使新的表格样式成为当前样式。

【新建表格样式】对话框中常用选项的功能介绍如下。

① 【常规】选项卡

- 【填充颜色】：指定表格单元的背景颜色，默认值为"无"。
- 【对齐】：设置表格单元中文字的对齐方式。
- 【水平】：设置单元文字与左右单元边界之间的距离。
- 【垂直】：设置单元文字与上下单元边界之间的距离。

② 【文字】选项卡

- 【文字样式】：选择文字样式。单击 按钮，打开【文字样式】对话框，从中可创建新的文字样式。
- 【文字高度】：输入文字的高度。
- 【文字角度】：设定文字的倾斜角度。逆时针为正，顺时针为负。

③ 【边框】选项卡

- 【线宽】：指定表格单元的边界线宽。
- 【颜色】：指定表格单元的边界颜色。
- 田按钮：将边界特性设置应用于所有单元。
- 回按钮：将边界特性设置应用于单元的外部边界。
- 田按钮：将边界特性设置应用于单元的内部边界。
- 、、、按钮：将边界特性设置应用于单元的底、左、上及右边界。
- 按钮：隐藏单元的边界。

④ 【表格方向】下拉列表
- 【向下】：创建从上向下读取的表对象。标题行和表头行位于表的顶部。
- 【向上】：创建从下向上读取的表对象。标题行和表头行位于表的底部。

6.7.2 创建及修改空白表格

用 TABLE 命令创建空白表格，空白表格的外观由当前表格样式决定。使用该命令时，用户要输入的主要参数有"行数""列数""行高"及"列宽"等。

命令启动方法如下。
- 菜单命令：【绘图】/【表格】。
- 面板：【默认】选项卡中【注释】面板上的 ⊞ 按钮。
- 命令：TABLE。

启动 TABLE 命令，AutoCAD 打开【插入表格】对话框，如图 6-41 所示，在该对话框中用户可选择表格样式，并指定表的行、列数目及相关尺寸来创建表格。

【插入表格】对话框中的常用选项介绍如下。
- 【表格样式】：在该分组框的下拉列表中指定表格样式，其默认样式为"Standard"。
- 按钮：单击此按钮，打开【表格样式】对话框，利用该对话框用户可以创建新的表样式或修改现有样式。
- 【指定插入点】：指定表格左上角的位置。
- 【指定窗口】：利用矩形窗口指定表的位置和大小。若事先指定了表的行、列数目，则列宽和行高取决于矩形窗口的大小，反之亦然。
- 【列数】：指定表的列数。
- 【列宽】：指定表的列宽。
- 【数据行数】：指定数据行的行数。
- 【行高】：设定行的高度。"行高"是系统根据表样式中的文字高度及单元边距确定出来的。

图 6-41 【插入表格】对话框

对于已创建的表格，用户可用以下方法修改表格单元的长、宽尺寸及表格对象的行、列数目。

（1）利用【表格单元】选项卡（见图 6-42）可插入及删除行、列，合并单元格，修改文字对齐方式等。

（2）选中一个单元，拖动单元边框的夹点就可以使单元所在的行、列变宽或变窄。

（3）选中一个单元，单击鼠标右键，弹出快捷菜单，利用此菜单上的【特性】命令也可修改单元的长、宽尺寸等。

图 6-42　【表格单元】选项卡

用户若想一次编辑多个单元，则可用以下方法进行选择。

（1）在表格中按住鼠标左键并拖动鼠标光标，出现一个虚线矩形框，在该矩形框内以及与矩形框相交的单元都被选中。

（2）在单元内单击以选中它，再按住 Shift 键并在另一个单元内单击，则这两个单元以及它们之间的所有单元都被选中。

【练习 6-9】　创建图 6-43 所示的空白表格。

练习6-9　创建及修改空白表格

图 6-43　创建表格

（1）启动 TABLE 命令，打开【插入表格】对话框，在该对话框中输入创建表格的参数，如图 6-44 所示。

图 6-44　【插入表格】对话框

若【插入表格】对话框中显示表格对象的内容为"？"，说明与当前表格样式关联的文字样式没有采用中文字体。修改文字样式使其与中文字体相连，则表格对象预览图片中显示出中文。

（2）单击 确定 按钮，再关闭【文字编辑器】选项卡，创建图6-45所示的表格。

（3）选中第一、二行，弹出【表格单元】选项卡，单击选项卡中【行】面板上的 按钮，删除选中的两行，结果如图6-46所示。

图6-45　创建表格　　　　　　　　　图6-46　删除行

（4）选中第一列的任一单元，单击鼠标右键，弹出快捷菜单，选择菜单命令【列】/【在左侧插入】，插入新的一列，结果如图6-47所示。

（5）选中第一行的任一单元，单击鼠标右键，弹出快捷菜单，选择菜单命令【行】/【在上方插入】，插入新的一行，结果如图6-48所示。

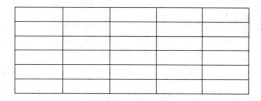

图6-47　插入新的一列　　　　　　　图6-48　插入新的一行

（6）选中第一列的所有单元，单击鼠标右键，弹出快捷菜单，选择菜单命令【合并】/【全部】，结果如图6-49所示。

（7）选中第一行的所有单元，单击鼠标右键，弹出快捷菜单，选择菜单命令【合并】/【全部】，结果如图6-50所示。

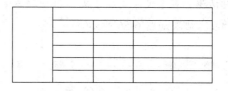

图6-49　合并列单元　　　　　　　　图6-50　合并行单元

（8）分别选中单元A和单元B，然后利用关键点拉伸方式调整单元的尺寸，结果如图6-51所示。

（9）选中单元C，单击鼠标右键，选择【特性】命令，打开【特性】对话框，在【单元宽度】及【单元高度】文本框中分别输入数值"20""10"，结果如图6-52所示。

（10）用类似的方法修改表格的其余尺寸，结果如图 6-43 所示。

图 6-51　利用关键点拉伸方式调整单元的尺寸

图 6-52　调整单元的宽度及高度

6.7.3　在表格对象中填写文字

在表格单元中可以很方便地填写文字信息。使用 TABLE 命令创建表格后，系统会高亮显示表格的第一个单元，同时打开【文字编辑器】选项卡，此时即可输入文字了。此外，用户双击某一单元也能将其激活，从而可在其中填写或修改文字。当要移动到相邻的下一个单元时，可按 Tab 键，或者使用箭头键向左（右、上、下）移动。

练习6-10　填写表格

【练习 6-10】　打开素材文件"dwg\第 6 章\6-10.dwg"，在表中填写文字，结果如图 6-53 所示。

（1）双击表格左上角的第一个单元将其激活，在其中输入文字，结果如图 6-54 所示。

类型	编号	洞口尺寸		数量	备注
		宽	高		
窗	C1	1800	2100	2	
	C2	1500	2100	3	
	C3	1800	1800	1	
门	M1	3300	3000	3	
	M2	4260	3000	2	
卷帘门	JLM	3060	3000	1	

图 6-53　在表中填写文字

图 6-54　在左上角的第一个单元中输入文字

（2）使用箭头键进入其他表格单元继续填写文字，结果如图 6-55 所示。

（3）选中"类型""编号"，单击鼠标右键，弹出快捷菜单，选择【特性】命令，打开【特性】对话框，在【文字高度】文本框中输入数值"7"，再用同样的方法将"数量""备注"的高度改为 7，结果如图 6-56 所示。

类型	编号	洞口尺寸		数量	备注
		宽	高		
窗	C1	1800	2100	2	
	C2	1500	2100	3	
	C3	1800	1800	1	
门	M1	3300	3000	3	
	M2	4260	3000	2	
卷帘门	JLM	3060	3000	1	

图 6-55　输入表格中的其他文字

类型	编号	洞口尺寸		数量	备注
		宽	高		
窗	C1	1800	2100	2	
	C2	1500	2100	3	
	C3	1800	1800	1	
门	M1	3300	3000	3	
	M2	4260	3000	2	
卷帘门	JLM	3060	3000	1	

图 6-56　修改文字高度

（4）选中除第一行、第一列外的所有文字，单击鼠标右键，弹出快捷菜单，选择【特性】命令，打开【特性】对话框。在【对齐】下拉列表中选择"左中"，结果如图 6-53 所示。

6.8 综合练习——书写单行及多行文字

【**练习 6-11**】 打开素材文件"dwg\第 6 章\6-11.dwg"，为建筑详图添加注释性说明文字，如图 6-57 所示。图幅为 A3 幅面，打印比例为 1：100，文字在图纸上的高度为 3.5，西文及中文字体文件分别是"gbenor.shx"和"gbcbig.shx"。

练习6-11 书写单行及多行文字（1）

图 6-57 添加注释性说明文字

【**练习 6-12**】 打开素材文件"dwg\第 6 章\6-12.dwg"，在图形中加入多行文字，字高为 7，字体为"宋体"，结果如图 6-58 所示。

练习6-12 书写单行及多行文字（2）

图 6-58 书写多行文字

习 题

1. 打开素材文件"dwg\第 6 章\6-13.dwg"，如图 6-59 所示，在图中加入单行文字，字高为

3.5，字体为"楷体"。

2. 打开素材文件"dwg\第 6 章\6-14.dwg"，在图中添加单行及多行文字，如图 6-60 所示。

图 6-59　添加单行文字　　　　　　　图 6-60　添加单行及多行文字

图中文字的属性如下。

（1）上部文字为单行文字，字体为"楷体"，字高为 80。

（2）下部文字为多行文字，文字字高为 80，"说明"的字体为"黑体"，其余文字采用"楷体"。

3. 打开素材文件"dwg\第 6 章\6-15.dwg"，如图 6-61 所示，在表格中填写单行文字，字高分别为 500 和 350，字体为"gbcbig.shx"。

类别	设计编号	洞口尺寸(mm)		樘数	采用标准图集及编号		备　注
		宽	高		图集代号	编号	
门	M1	1800	2300	1			不锈钢门（样式由业主自定）
	M2	1500	2200	1			柴木门（样式由业主自定）
	M3	1500	2200	1			夹板门（样式由业主自定）
	M4	900	2200	11			夹板门（样式由业主自定）
窗	C1	2350,3500	6400	1	98ZJ721		铝合金窗（详见大样）
	C2	2900,2400	9700	1	98ZJ721		铝合金窗（详见大样）
	C3	1800	2550	1	98ZJ721		铝合金窗（详见大样）
	C4	1800	2250	2	98ZJ721		铝合金窗（详见大样）

图 6-61　在表格中填写单行文字

4. 使用 TABLE 命令创建表格，然后修改表格并填写文字，文字高度为 3.5，字体为"仿宋"，结果如图 6-62 所示。

图 6-62　创建表格对象

第7章

标注尺寸

【学习目标】

- 掌握创建及编辑尺寸样式的方法。
- 掌握创建长度和角度尺寸的方法。
- 学会创建直径和半径尺寸。
- 熟悉引线标注的方法。
- 熟悉编辑尺寸标注的方法。

通过本章的学习，读者要了解尺寸样式的基本概念，掌握标注各类尺寸的方法。

7.1 课堂实训——创建注释性尺寸标注

AutoCAD 的尺寸标注命令很丰富，利用它可以轻松地创建出各种类型的尺寸。所有尺寸与尺寸样式关联，通过设定尺寸样式，就能控制与该样式关联的尺寸标注的外观。

实训的任务是为图 7-1 所示的平面图形标注尺寸，图幅为 A3，打印比例为 1∶100，通过这个实例介绍创建尺寸样式的方法和 AutoCAD 的各类尺寸标注命令。

【练习 7-1】 打开素材文件"dwg\第 7 章\7-1.dwg"，标注此图样，如图 7-1 所示。图中尺寸为注释性尺寸。

练习7-1 创建注释性尺寸标注

（1）建立一个名为"建筑-标注"的图层，设置图层颜色为红色，线型为 Continuous，并使其成为当前层。

（2）创建新的注释性文字样式，样式名为"标注文字"，与该样式相连的字体文件是"gbeitc.shx"和"gbcbig.shx"。

（3）创建一个注释性尺寸样式，名称为"工程标注"，对该样式做以下设置。

- 标注文本连接"标注文字"，文字高度为"2.5"，精度为"0.0"，小数点格式是"句点"。
- 标注文本与尺寸线间的距离为"0.8"。
- 尺寸起止符号为建筑标记，其大小为"1.5"。

- 尺寸界线超出尺寸线长度为"1.8"。
- 尺寸线起始点与标注对象端点间的距离为"2"。
- 标注基线尺寸时，平行尺寸线间的距离为"7"。
- 使"工程标注"成为当前样式。

图 7-1 标注建筑平面图

（4）以"工程标注"为父样式，新建 3 个子样式：角度标注、直径标注及半径标注，对子样式做以下设置。

- 尺寸起止符号为箭头，其大小为 2。
- 标注文本为水平放置。

（5）设置当前注释比例为 1∶100，打开对象捕捉，设置捕捉类型为"端点""交点"。

（6）创建连续标注、基线标注、半径及直径标注等，如图 7-2 所示。

图 7-2 标注尺寸"3750""3125"等

（7）用 XLINE 命令画竖直辅助线 *A* 及水平辅助线 *B*、*C* 等，水平辅助线与竖直线的交点是标注尺寸的起始及终止点。创建尺寸"1875""2875"等，如图 7-3 所示。

图 7-3　标注尺寸"1875""2875"等

（8）删除辅助线，创建其余尺寸。

7.2 尺寸样式

尺寸标注是一个复合体，它以块的形式存储在图形中，其组成部分包括尺寸线、尺寸界线、标注文字和箭头，所有这些组成部分的格式都由尺寸样式来控制。尺寸样式是尺寸变量的集合，这些变量决定了尺寸标注中各元素的外观，用户只要调整样式中的某些尺寸变量，就能灵活地变动标注外观。

在标注尺寸前，用户一般都要创建尺寸样式，否则，AutoCAD 将使用默认样式生成尺寸标注。AutoCAD 可以定义多种不同的标注样式并为之命名，标注时，只需指定某个样式为当前样式，就能创建相应的标注形式。

7.2.1　创建国标尺寸样式

创建尺寸标注时，标注的外观是由当前尺寸样式控制的，系统提供了一个默认的尺寸样式"ISO-25"，用户可以改变这个样式，或者生成自己的尺寸样式。

下面在图形文件中建立一个符合国家标准的新尺寸样式。

【练习 7-2】　建立新的国标尺寸样式。

（1）打开素材文件"dwg\第 7 章\7-2.dwg"，该文件中包含一张绘图比例为 1∶50 的图样。注意，该图在 AutoCAD 中是按 1∶1 的比例绘制的，打印时的输出比例为 1∶50。

（2）建立新文字样式，样式名为"标注文字"，与该样式相关联的字体文件是"gbenor.shx"和"gbcbig.shx"。

（3）单击【注释】面板上的 ✍ 按钮或选择菜单命令【格式】/【标注样式】，打开【标注样式管理器】对话框，如图7-4所示。该对话框是管理尺寸样式的地方，通过它可以创建新的尺寸样式或修改样式中的尺寸变量。

（4）单击 新建(N)... 按钮，打开【创建新标注样式】对话框，如图7-5所示。在该对话框的【新样式名】文本框中输入新的样式名称"工程标注"，在【基础样式】下拉列表中指定某个尺寸样式作为新样式的基础样式，则新样式将包含基础样式的所有设置。此外，用户还可在【用于】下拉列表中设定新样式控制的尺寸类型。默认情况下，【用于】下拉列表的默认选项是【所有标注】，意思是指新样式将控制所有类型的尺寸。

图7-4 【标注样式管理器】对话框

图7-5 【创建新标注样式】对话框

（5）单击 继续 按钮，打开【新建标注样式】对话框，如图7-6所示。该对话框有7个选项卡，在这些选项卡中进行以下设置。

图7-6 【新建标注样式】对话框

- 在【文字】选项卡的【文字样式】下拉列表中选择【标注文字】，在【文字高度】、【从尺寸线偏移】栏中分别输入"2.5"和"0.8",如图 7-6 所示。

- 进入【线】选项卡,在【基线间距】、【超出尺寸线】和【起点偏移量】栏中分别输入"8" "1.8"和"2",如图 7-7 所示。

图 7-7 【线】选项卡

- 进入【符号和箭头】选项卡,在【箭头】分组框的【第一个】下拉列表中选择【建筑标记】,在【箭头大小】栏中输入"1.3",如图 7-8 所示。

图 7-8 【符号和箭头】选项卡

- 进入【调整】选项卡,在【标注特征比例】分组框的【使用全局比例】栏中输入"50" (绘图比例的倒数),如图 7-9 所示。
- 进入【主单位】选项卡,在【单位格式】、【精度】和【小数分隔符】下拉列表中分别选择【小数】、【0.00】和【句点】,如图 7-10 所示。

图 7-9   【调整】选项卡

图 7-10   【主单位】选项卡

（6）单击 [确定] 按钮，得到一个新的尺寸样式，再单击 [置为当前(U)] 按钮，使新样式成为当前样式。

7.2.2 控制尺寸线、尺寸界线

在【标注样式管理器】对话框中单击 [修改(M)...] 按钮，打开【修改标注样式】对话框，如图 7-11 所示，在该对话框的【线】选项卡中可对尺寸线、尺寸界线进行设置。

1. 调整尺寸线

在【尺寸线】分组框中可设置影响尺寸线的变量，常用选项的功能如下。

• 【超出标记】：该选项决定了尺寸线超过尺寸界线的长度，如图 7-12 所示。若尺寸线两端是箭头，则此选项无效。但若在对话框的【符号和箭头】选项卡中设定了箭头的形式是"倾

斜"或"建筑标记"时，该选项是有效的。

图 7-11 【修改标注样式】对话框

- 【基线间距】：此选项决定了平行尺寸线间的距离。例如，当创建基线型尺寸标注时，相邻尺寸线间的距离由该选项控制，如图 7-13 所示。

图 7-12 延伸尺寸线

图 7-13 控制尺寸线间的距离

- 【隐藏】："尺寸线 1"和"尺寸线 2"分别控制第一条和第二条尺寸线的可见性。在尺寸标注中，如果尺寸文字将尺寸线分成两段，则第一条尺寸线是指靠近第一个选择点的那一段，如图 7-14 所示，否则，第一条、第二条尺寸线与原始尺寸线长度一样。唯一的差别是第一条尺寸线仅在靠近第一选择点的那端带有箭头，而第二条尺寸线只在靠近第二选择点的那端带有箭头。

图 7-14 控制尺寸线

2. 控制尺寸界线

在【尺寸界线】分组框中包含了控制尺寸界线的选项，常用选项的功能如下。

- 【超出尺寸线】：控制尺寸界线超出尺寸线的距离，如图 7-15 所示。国标中规定，尺寸界线一般超出尺寸线 2～3mm，如果准备使用 1∶1 比例出图，则延伸值要输入 2～3 间的值。
- 【起点偏移量】：控制尺寸界线起点与标注对象端点间的距离，如图 7-16 所示。通常应使尺寸界线与标注对象不发生接触，这样才能较容易地区分尺寸标注和被标注的对象。

图 7-15　延伸尺寸界线　　　　　　　图 7-16　控制尺寸界线起点与标注对象间的距离

- 【隐藏】：【尺寸界线 1】和【尺寸界线 2】控制了第一条和第二条尺寸界线的可见性，第一条尺寸界线由用户标注时选择的第一个尺寸起点决定，如图 7-14 所示。当某条尺寸界线与图形轮廓线重合或与其他图形对象发生干涉时，就可隐藏这条尺寸界线。

7.2.3　控制尺寸起止符号及圆心标记

在【修改标注样式】对话框中选择【符号和箭头】选项卡，打开新界面，如图 7-17 所示。在此选项卡中，用户可对尺寸起止符号和圆心标记进行设置。

图 7-17　【符号和箭头】选项卡

1．控制尺寸起止符号

【箭头】分组框提供了下面控制尺寸箭头的选项。

- 【第一个】及【第二个】：这两个下拉列表用于选择尺寸线两端箭头的样式。AutoCAD

中提供了 19 种箭头类型, 如果选择了第一个箭头的形式, 第二个箭头也将采用相同的形式, 要想使它们不同, 就需要在第一个下拉列表和第二个下拉列表中分别进行设置。

- 【引线】: 通过此下拉列表设置引线标注的箭头样式。
- 【箭头大小】: 利用此选项设定箭头大小。

2. 设置圆心标记及圆中心线

【圆心标记】分组框的选项用于控制创建直径或半径尺寸时圆心标记及中心线的外观。

- 【标记】: 创建圆心标记。圆心标记是指表明圆或圆弧圆心位置的小十字线, 如图 7-18 (a) 所示。

- 【直线】: 创建中心线。中心线是指过圆心并延伸至圆周的水平及竖直直线, 如图 7-18 (b) 所示。用户应注意, 只有把尺寸线放在圆或圆弧的外边时, AutoCAD 才绘制圆心标记或中心线。

- 【大小】栏: 利用该栏设定圆心标记或圆中心线的大小。

（a）圆心标记　　　　　（b）圆中心线

图 7-18　圆心标记及圆中心线

7.2.4　控制尺寸文字外观和位置

在【修改标注样式】对话框中选择【文字】选项卡, 打开新界面, 如图 7-19 所示。在此选项卡中用户可以调整尺寸文字的外观, 并能控制文本的位置。

图 7-19　【文字】选项卡

1. 控制标注文字的外观

通过【文字外观】分组框可以调整标注文字的外观, 常用选项的功能介绍如下。

- 【文字样式】: 在该下拉列表中选择文字样式或单击【文字样式】下拉列表右边的 按钮, 打开【文字样式】对话框, 创建新的文字样式。

- 【文字高度】: 在此栏中指定文字的高度。若在文本样式中已设定了文字高度, 则此栏中设置的文本高度无效。

- 【分数高度比例】: 该选项用于设定分数形式字符与其他字符的比例。只有当选择了支持分数的标注格式（标注单位为"分数"）时，此选项才可用。

- 【绘制文字边框】：通过此选项，用户可以给标注文本添加一个矩形边框，如图 7-20 所示。

2. 控制标注文字的位置

【文字位置】和【文字对齐】分组框中的选项用于控制标注文字的位置及放置方向，有关选项介绍如下。

- 【垂直】下拉列表：此下拉列表包含 5 个选项。当选中某一选项时，请注意对话框右上角预览图片的变化，通过这张图片用户可以更清楚地了解每一选项的功能，如表 7-1 所示。

图 7-20　给标注文字添加矩形框

表 7-1　　　　　　　　【垂直】下拉列表中各选项的功能

选项	功能
居中	尺寸线断开，标注文字放置在断开处
上	尺寸文本放置在尺寸线上
外部	以尺寸线为准，将标注文字放置在距标注对象最远的那一边
JIS	标注文本的放置方式遵循日本工业标准
下	将标注文字放在尺寸线下方

- 【水平】下拉列表：此部分包含有 5 个选项，各选项的功能如表 7-2 所示。

表 7-2　　　　　　　　【水平】下拉列表中各选项的功能

选项	功能
居中	尺寸文本放置在尺寸线中部
第一条尺寸界线	在靠近第一条尺寸界线处放置标注文字
第二条尺寸界线	在靠近第二条尺寸界线处放置标注文字
第一条尺寸界线上方	将标注文本放置在第一条尺寸界线上
第二条尺寸界线上方	将标注文本放置在第二条尺寸界线上

- 【从尺寸线偏移】：该选项用于设定标注文字与尺寸线间的距离，如图 7-21 所示。若标注文本在尺寸线的中间（尺寸线断开），则其值表示断开处尺寸线的端点与尺寸文字的间距。另外，该值也用来控制文本边框与其中文本的距离。

图 7-21　控制文字相对于尺寸线的偏移量

- 【水平】：该选项使所有的标注文本水平放置。
- 【与尺寸线对齐】：该选项使标注文本与尺寸线对齐。
- 【ISO 标准】：当标注文本在两条尺寸界线的内部时，标注文本与尺寸线对齐，否则，标注文字水平放置。

国标中规定了尺寸文本放置的位置及方向，如图 7-22 所示。水平尺寸的数字字头朝上，垂直尺寸的数字字头朝左，要尽可能避免在图示 30°范围内标注尺寸。线性尺寸的数字一般应写在尺寸线上方，也允许写在尺寸线的中断处，但在同一张图纸上应尽可能保持一致。

图 7-22　尺寸数字标注规则

在 AutoCAD 中，用户可以方便地调整标注文字的位置。标注建筑图时，要正确地控制标注文本，可按照图 7-19 所示来设置【文字位置】和【文字对齐】分组框中的选项。

7.2.5　控制尺寸标注的全局比例

进入【修改标注样式】对话框中的【调整】选项卡，如图 7-23 所示。

图 7-23　【调整】选项卡

在【标注特征比例】分组框中可使用【使用全局比例】选项为所有标注样式设置一个比例，这些设置指定了大小、距离或间距，包括文字和箭头大小。该缩放比例并不更改标注的测量值。

7.2.6　设置尺寸精度及尺寸数值比例因子

进入【修改标注样式】对话框中的【主单位】选项卡，如图 7-24 所示。

在【线性标注】和【测量单位比例】分组框中可以设置单位格式、精度、比例因子等，常用的选项功能介绍如下。

- 【单位格式】：设置除角度之外的所有标注类型的当前单位格式。
- 【精度】：显示和设置标注文字中的小数位数。
- 【小数分隔符】：设置用于十进制格式的分隔符。
- 【比例因子】：设置线性标注测量值的比例因子。建议不要更改此值的默认值 1。例如，如果输入"2",则 1 英寸线段的尺寸将显示为 2 英寸。该值不应用到角度标注,也不应用到舍入值或者正负公差值。

图 7-24 【主单位】选项卡

- 【仅应用到布局标注】:仅将测量单位比例因子应用于布局视口中创建的标注。除非使用非关联标注,否则,该设置应保持取消复选状态。

7.2.7 修改尺寸标注样式

修改尺寸标注样式是在【修改标注样式】对话框中进行的,当修改完成后,图样中所有使用此样式的标注都将发生变化,修改尺寸样式的操作步骤如下。

练习7-3 修改尺寸标注样式

【练习 7-3】 修改尺寸标注样式。

(1)在【标注样式管理器】对话框中选择要修改的尺寸样式名称。

(2)单击 修改(M)... 按钮,AutoCAD 弹出【修改标注样式】对话框。

(3)在【修改标注样式】对话框的各选项卡中修改尺寸变量。

(4)关闭【标注样式管理器】对话框后,AutoCAD 便更新所有与此样式关联的尺寸标注。

7.2.8 临时修改标注样式——标注样式的覆盖方式

修改标注样式后,AutoCAD 将改变所有与此样式关联的尺寸标注。但有时用户想创建个别特殊形式的尺寸标注,如公差、给标注数值加前缀和后缀等时,对于此类情况,用户不能直接去修改尺寸样式,但也不必再创建新样式,只需采用当前样式的覆盖方式进行标注就可以了。

要建立当前尺寸样式的覆盖形式,可采取下面的操作步骤。

【练习 7-4】 建立当前尺寸样式的覆盖形式。

(1)单击【注释】面板上的 按钮,打开【标注样式管理器】对话框。

(2)单击 替代(O)... 按钮(注意不要使用 修改(M)... 按钮),打开【替代当前样式】对话框,然后修改尺寸变量。

（3）单击【标注样式管理器】对话框的 关闭 按钮，返回 AutoCAD 主窗口。

（4）创建尺寸标注，则 AutoCAD 暂时使用新的尺寸变量控制尺寸
外观。

（5）如果要恢复原来的尺寸样式，就再次进入【标注样式管理器】
对话框，在该对话框的列表框中选择该样式，然后单击 置为当前(U) 按钮。
此时，AutoCAD 打开一个提示性对话框，如图 7-25 所示，单击 确定
按钮，AutoCAD 就忽略用户对标注样式的修改。

图 7-25　提示性对话框

7.2.9　删除和重命名标注样式

删除和重命名标注样式是在【标注样式管理器】对话框中进行的，具体操作步骤如下。

【练习 7-5】　删除和重命名标注样式。

（1）在【标注样式管理器】对话框的【样式】
列表框中选择要进行操作的样式名。

（2）单击鼠标右键，打开快捷菜单，选取【删
除】命令就删除了尺寸样式，如图 7-26 所示。

（3）若要重命名样式，则选取【重命名】命令，
然后输入新名称，如图 7-26 所示。

需要注意的是当前样式及正被使用的尺寸样式
不能被删除，此外，也不能删除样式列表中仅有的
一个标注样式。

图 7-26　删除和重命名标注样式

7.3　创建长度型尺寸

标注长度尺寸一般可使用以下两种方法。

（1）通过在标注对象上指定尺寸线的起始点及终止点创建尺寸标注。

（2）直接选取要标注的对象。

在标注过程中，用户可随时修改标注文字及文字的倾斜角度，还能动态地调整尺寸线的位置。

7.3.1　标注水平、竖直及倾斜方向的尺寸

DIMLINEAR 命令可以标注水平、竖直及倾斜方向的尺寸。标注时，若要使尺寸线倾斜，
则输入"R"选项，然后输入尺寸线倾角即可。

1. 命令启动方法

• 菜单命令：【标注】/【线性】。

• 面板：【注释】选项卡中【默认】面板上的 按钮。

• 命令：DIMLINEAR 或简写 DIMLIN。

【**练习7-6**】　练习使用 DIMLINEAR 命令。

打开素材文件"dwg\第 7 章\7-6.dwg"，用 DIMLINEAR 命令创建尺寸标注，如图 7-27 所示。

```
命令: _dimlinear
指定第一条尺寸界线原点或 <选择对象>:int 于
      //指定第一条尺寸界线的起始点 A，或者按 Enter 键选择要标注的对象，如图 7-27 所示
指定第二条尺寸界线原点:int 于                    //选取第二条尺寸界线的起始点 B
指定尺寸线位置或[多行文字(M)/文字(T)/角度(A)/水平(H)/垂直(V)/旋转(R)]:
   //拖动鼠标光标将尺寸线放置在适当位置，然后单击鼠标左键完成操作
```

结果如图 7-27 所示。

图 7-27　标注水平方向的尺寸

2. 命令选项

● 多行文字（M）：使用该选项则打开多行文字编辑器，用户利用此编辑器可输入新的标注文字。

 若修改了系统自动标注的文字，则会失去尺寸标注的关联性，即尺寸数字不随标注对象的改变而改变。

● 文字（T）：此选项使用户可以在命令行中输入新的尺寸文字。

● 角度（A）：通过该选项设置文字的放置角度。

● 水平（H）/垂直（V）：创建水平或垂直型尺寸。用户也可通过移动鼠标光标指定创建何种类型的尺寸，若左右移动鼠标光标，则生成垂直尺寸；若上下移动鼠标光标，则生成水平尺寸。

● 旋转（R）：使用 DIMLINEAR 命令时，AutoCAD 自动将尺寸线调整成水平或竖直方向。此选项可使尺寸线倾斜一个角度，因此可利用它标注倾斜的对象，如图 7-28 所示。

图 7-28　标注倾斜对象

7.3.2　创建对齐尺寸

要标注倾斜对象的真实长度可使用对齐尺寸，对齐尺寸的尺寸线平行于倾斜的标注对象。如果用户是选择两个点来创建对齐尺寸，则尺寸线与两点的连线平行。

命令启动方法如下。

- 菜单命令：【标注】/【对齐】。
- 面板：【注释】选项卡中【标注】面板上的 ![对齐] 按钮。
- 命令：DIMALIGNED 或简写 DIMALI。

【练习 7-7】 练习使用 DIMALIGNED 命令。

打开素材文件"dwg\第 7 章\7-7.dwg"，用 DIMALIGNED 命令创建尺寸标注，如图 7-29 所示。

```
命令: _dimaligned
指定第一条尺寸界线原点或 <选择对象>: int 于
//捕捉交点 A，或者按 Enter 键选择要标注的对象，如图 7-29 所示
指定第二条尺寸界线原点: int 于                    //捕捉交点 B
指定尺寸线位置或[多行文字（M）/文字（T）/角度（A）]:    //移动鼠标光标，指定尺寸线的位置
```

结果如图 7-29 所示。

图 7-29　标注对齐尺寸

练习7-7　创建对齐尺寸

DIMALIGNED 命令各选项的功能说明参见 7.3.1 小节。

7.3.3　创建连续型及基线型尺寸标注

连续型尺寸标注是一系列首尾相连的标注形式，而基线型尺寸是指所有的尺寸都从同一点开始标注，即它们公用一条尺寸界线。连续型和基线型尺寸的标注方法类似。在创建这两种形式的尺寸时，首先应建立一个尺寸标注，然后发出标注命令，当 AutoCAD 提示"指定第二条尺寸界线原点或[放弃（U）/选择（S）]<选择>:"时，用户采取下面的某种操作方式。

- 直接拾取对象上的点。用户已事先建立了一个尺寸，因此 AutoCAD 将以该尺寸的第一条尺寸界线为基准线生成基线型尺寸，或者以该尺寸的第二条尺寸界线为基准线建立连续型尺寸。
- 若不想在前一个尺寸的基础上生成连续型或基线型尺寸，就按 Enter 键，AutoCAD 提示"选择连续标注"或"选择基准标注"，此时，用户可重新选择某条尺寸界线作为建立新尺寸的基准线。

1. 基线标注

命令启动方法如下。

- 菜单命令：【标注】/【基线】。
- 面板：【注释】选项卡中【标注】面板上的 ![基线] 按钮。
- 命令：DIMBASELINE 或简写 DIMBASE。

【练习 7-8】 练习使用 DIMBASELINE 命令。

打开素材文件"dwg\第 7 章\7-8.dwg"，用 DIMBASELINE 命令创建尺寸标注，如图 7-30

所示。

```
命令：_dimbaseline
选择基准标注：                          //指定点 A 处的尺寸界线为基准线，如图 7-30 所示
指定第二条尺寸界线原点或[放弃（U）/选择（S）] <选择>: int 于      //指定第二点 B
指定第二条尺寸界线原点或[放弃（U）/选择（S）] <选择>: int 于      //指定第三点 C
指定第二条尺寸界线原点或[放弃（U）/选择（S）] <选择>:            //按 Enter 键
选择基准标注：                                              //按 Enter 键结束命令
```

结果如图 7-30 所示。

图 7-30　创建基线标注

2. 连续标注

命令启动方法如下。

- 菜单命令：【标注】/【连续】。
- 面板：【注释】选项卡中【标注】面板上的 连续 按钮。
- 命令：DIMCONTINUE 或简写 DIMCONT。

【练习 7-9】　练习使用 DIMCONTINUE 命令。

打开素材文件 "dwg\第 7 章\7-9.dwg"，用 DIMCONTINUE 命令创建尺寸标注，如图 7-31 所示。

```
命令：_dimcontinue
选择连续标注：                          //指定点 A 处的尺寸界线为基准线，如图 7-31 所示
指定第二条尺寸界线原点或[放弃（U）/选择（S）] <选择>: int 于      //指定第二点 B
指定第二条尺寸界线原点或[放弃（U）/选择（S）] <选择>: int 于      //指定第三点 C
指定第二条尺寸界线原点或[放弃（U）/选择（S）] <选择>: int 于      //指定第四点 D
指定第二条尺寸界线原点或[放弃（U）/选择（S）] <选择>:            //按 Enter 键
选择连续标注：                                              //按 Enter 键结束命令
```

结果如图 7-31 所示。

图 7-31　创建连续标注

 用户可以对角度型尺寸使用 DIMBASELINE 和 DIMCONTINUE 命令。

7.4 创建角度尺寸

标注角度时，用户通过拾取两条边线、3个点或一段圆弧来创建角度尺寸。

命令启动方法如下。

- 菜单命令：【标注】/【角度】。
- 面板：【注释】选项卡中【标注】面板上的 △ 角度 按钮。
- 命令：DIMANGULAR 或简写 DIMANG。

【练习7-10】 打开素材文件"dwg\第 7 章\7-10.dwg"，用 DIMANGULAR 命令创建角度尺寸。

单击【标注】面板上的 △ 角度 按钮，启动 DIMANGULAR 命令。

```
命令： _dimangular
选择圆弧、圆、直线或 <指定顶点>：              //选择角的第一条边 A，如图 7-32 所示
选择第二条直线：                              //选择角的第二条边 B
指定标注弧线位置或[多行文字（M）/文字（T）/角度（A）/ 象限点（Q）]：
                                            //移动鼠标光标，指定尺寸线的位置

命令：DIMANGULAR                             //重复命令
选择圆弧、圆、直线或 <指定顶点>：              //按 Enter 键
指定角的顶点：                                //捕捉点 C
指定角的第一个端点：                          //捕捉点 D
指定角的第二个端点：                          //捕捉点 E
指定标注弧线位置或[多行文字（M）/文字（T）/角度（A）/ 象限点（Q）]：
                                            //移动鼠标光标，指定尺寸线的位置
```

结果如图 7-32 所示。

练习7-10 角度尺寸
标注

图 7-32 创建角度尺寸

选择圆弧时，系统直接标注圆弧所对应的圆心角，移动鼠标光标到圆心的不同侧时，标注的数值就不同。

选择圆时，第一个选择点是角度起始点，再单击一点是角度的终止点，系统标出这两点间圆弧所对应的圆心角。当移动鼠标光标到圆心的不同侧时，标注的数值就不同。

要点提示　用户可以使用角度尺寸或长度尺寸的标注命令来查询角度值和长度值。当发出命令并选择对象后，就能看到标注文本，此时按 Esc 键取消正在执行的命令，就不会将尺寸标注出来。

7.4.1　利用尺寸样式覆盖方式标注角度

国标中对于角度标注有规定，如图 7-33 所示，角度数字一律水平书写，一般注写在尺寸线的中断处，必要时可注写在尺寸线的上方或外面，也可画引线标注。显然，角度文本的注写方式与线性尺寸文本是不同的。

图 7-33　角度文本注写规则

为使角度数字的放置形式符合国标规定，用户可采用当前样式覆盖方式标注角度。

【练习 7-11】　用当前样式覆盖方式标注角度。

（1）单击【默认】选项卡中【注释】面板上的▨按钮，打开【标注样式管理器】对话框。

（2）单击 替代(O)… 按钮（注意不要使用 修改(M)… 按钮），打开【替代当前样式】对话框。

（3）进入【文字】选项卡，打开新界面，在该页的【文字对齐】分组框中选取【水平】单选项，如图 7-34 所示。

图 7-34　【替代当前样式】对话框

（4）返回 AutoCAD 主窗口，标注角度尺寸，角度数字将水平放置。

（5）角度标注完成后，若要恢复原来的尺寸样式，就进入【标注样式管理器】对话框，在该对话框的列表栏中选择尺寸样式，然后单击 置为当前(U) 按钮。此时，AutoCAD 打开一个提示性对话框，继续单击 确定 按钮完成。

7.4.2 使用角度尺寸样式簇标注角度

对于某种类型的尺寸，其标注外观可能需要做一些调整，例如，创建角度尺寸时要求文字放置在水平位置，标注直径时想生成圆的中心线。在 AutoCAD 中，用户可以通过尺寸样式簇对某种特定类型的尺寸进行控制。

在【标注样式管理器】对话框中，单击 新建(N)... 按钮，打开【创建新标注样式】对话框，如图 7-35 所示。默认状态下，在【用于】下拉列表中的【所有标注】选项自动被选中，利用此选项创建的尺寸样式通常称为上级样式（或父尺寸样式），如果想建立控制某种具体类型尺寸的样式簇（子样式），就在下拉列表中选择所需的尺寸类型。

图 7-35 【创建新标注样式】对话框

用户可以修改样式簇中的某些尺寸变量（暂且称为 A 部分尺寸变量），以形成特殊的标注形式，但对这些变量的改动并不影响上级样式中相应的尺寸变量。同样若在上级样式中修改 A 部分尺寸变量，也不会影响样式簇中此部分变量的设置。但若在父级样式中修改其他的尺寸变量，则样式簇中对应的变量就将跟随变动。

除了利用尺寸样式覆盖方式标注角度外，用户还可以建立专门用于控制角度标注外观的样式簇。下面的过程说明了如何利用标注样式簇创建角度尺寸。

【练习 7-12】 打开素材文件 "dwg\第 7 章\7-12.dwg"，利用角度尺寸样式簇标注角度，如图 7-36 所示。

（1）单击【注释】面板上的 按钮，打开【标注样式管理器】对话框，再单击 新建(N)... 按钮，打开【创建新标注样式】对话框，在【用于】下拉列表中选取【角度标注】，如图 7-37 所示。

图 7-36 利用角度尺寸样式簇标注角度

图 7-37 【创建新标注样式】对话框

（2）单击 继续 按钮，打开【新建标注样式】对话框，进入【文字】选项卡，在该选项卡的【文字对齐】分组框中选取【水平】单选项，如图7-38所示。

图7-38 【新建标注样式】对话框

（3）单击 确定 按钮完成。

（4）返回主窗口，用DIMANGULAR和DIMBASELINE命令标注角度尺寸，此类尺寸的外观由样式簇控制，结果如图7-36所示。

7.5
直径和半径型尺寸

在标注直径和半径尺寸时，AutoCAD自动在标注文字前面加入"ϕ"或"R"符号。实际标注中，直径和半径型尺寸的标注形式多种多样，若通过当前样式的覆盖方式进行标注就非常方便。

7.5.1 标注直径尺寸

命令启动方法如下。

- 菜单命令：【标注】/【直径】。
- 面板：【注释】选项卡中【标注】面板上的 直径 按钮。
- 命令：DIMDIAMETER或简写DIMDIA。

【练习7-13】 标注直径尺寸。

打开素材文件"dwg\第7章\7-13.dwg"，用DIMDIAMETER命令创建尺寸标注，如图7-39所示。

```
命令: _dimdiameter
选择圆弧或圆:                              //选择要标注的圆, 如图7-39所示
指定尺寸线位置或[多行文字(M)/文字(T)/角度(A)]:   //移动鼠标光标指定标注文字的位置
```

结果如图7-39所示。

DIMDIAMETER命令各选项的功能参见7.3.1小节。

练习7-13 标注直径
尺寸

图 7-39　标注直径

7.5.2　标注半径尺寸

半径尺寸标注与直径尺寸标注的过程类似。

命令启动方法如下。

- 菜单命令:【标注】/【半径】。
- 面板:【注释】选项卡中【标注】面板上的 ⊙ 半径 按钮。
- 命令:DIMRADIUS 或简写 DIMRAD。

【练习 7-14】　标注半径尺寸。

打开素材文件"dwg\第 7 章\7-14.dwg",用 DIMRADIUS 命令创建尺寸标注,如图 7-40 所示。

```
命令: _dimradius
选择圆弧或圆:                              //选择要标注的圆弧,如图7-40所示
指定尺寸线位置或[多行文字(M)/文字(T)/角度(A)]:    //移动鼠标光标指定标注文字的位置
```

结果如图 7-40 所示。

图 7-40　标注半径

DIMRADIUS 命令各选项的功能参见 7.3.1 小节。

7.5.3　工程图中直径及半径尺寸的几种典型标注形式

直径和半径的典型标注样例如图 7-41 所示,在 AutoCAD 中用户可通过尺寸样式覆盖方式创建这些标注形式,下面的练习演示了具体的标注过程。

（a）　　　　　　　　（b）

图 7-41　直径和半径的典型标注

练习7-15 直径半径标注样式（1）

练习7-16 直径半径标注样式（2）

【练习7-15】 将标注文字水平放置。

（1）打开素材文件"dwg\第 7 章\7-15.dwg"。

（2）单击【注释】面板上的 按钮，打开【标注样式管理器】对话框。

（3）再单击 替代(O)... 按钮，打开【替代当前样式】对话框。

（4）进入【文字】选项卡，打开新界面，在该页的【文字对齐】分组框中选取【水平】单选项，如图 7-42 所示。

（5）返回 AutoCAD 主窗口，标注直径尺寸，结果如图 7-41（a）所示。

【练习7-16】 把尺寸线放在圆弧外面。

默认情况下，AutoCAD 将在圆或圆弧内放置尺寸线，但用户也可以去掉圆或圆弧内的尺寸线。

（1）打开素材文件"dwg\第 7 章\7-16.dwg"。

（2）打开【标注样式管理器】对话框，在该对话框中单击 替代(O)... 按钮，打开【替代当前样式】对话框。

（3）进入【调整】选项卡，在此选项卡的【优化】分组框中取消对【在尺寸界线之间绘制尺寸线】复选项的选取，如图 7-43 所示。

图 7-42 【文字】选项卡

图 7-43 【调整】选项卡

（4）进入【文字】选项卡，打开新界面，在该页的【文字对齐】分组框中选取【水平】单选项，如图 7-42 所示。

（5）返回 AutoCAD 主窗口，标注直径及半径尺寸，结果如图 7-41（b）所示。

7.6 引线标注

MLEADER 命令用于创建引线标注，引线标注由箭头、引线、基线（引线与标注文字间的线）、多行文字或图块组成，如图 7-44 所示，其中箭头的形式、引线外观、文字属性及图块形状等由引线样式控制。

选中引线标注对象，利用关键点移动基线，则引线、文字和图块随之移动。若利用关键点移动箭头，则只有引线跟随移动，基线、文字和图块不动。

【**练习 7-17**】 打开素材文件"dwg\第 7 章\7-17.dwg"，用 MLEADER 命令创建引线标注，如图 7-45 所示。

图 7-44　引线标注

图 7-45　创建引线标注

（1）单击【注释】面板上的 按钮，打开【多重引线样式管理器】对话框，如图 7-46 所示，利用该对话框可新建、修改、重命名或删除引线样式。

（2）单击 修改(M)... 按钮，打开【修改多重引线样式】对话框，在该对话框中完成以下设置。

- 【引线格式】选项卡设置的选项如图 7-47 所示。

练习7-17　引线标注

图 7-46　【多重引线样式管理器】对话框

图 7-47　【引线格式】选项卡

- 【引线结构】选项卡设置的选项如图 7-48 所示。【基线距离】栏中的数值表示基线的长度，【指定比例】栏中的数值为引线标注的整体缩放比例值。
- 文本框中的数值表示基线的长度。
- 【内容】选项卡设置的选项如图 7-49 所示。其中，【基线间隙】栏中的数值表示基线与标注文字间的距离。

图 7-48　【引线结构】选项卡

图 7-49　【修改多重引线样式】对话框

（3）单击【注释】选项卡中【引线】面板上的 按钮，启动创建引线标注命令。

```
命令: _mleader
指定引线箭头的位置或[引线基线优先（L）/内容优先（C）/选项（O）] <选项>:
                                    //指定引线起始点 A，如图 7-45 所示
指定引线基线的位置:                  //指定引线下一个点 B
                                    //启动文字编辑器，然后输入标注文字"拉铆钉@300"
```

结果如图 7-45 所示。

要点提示　创建引线标注时，若文本或指引线的位置不合适，则可利用关键点编辑方式进行调整。

7.7 编辑尺寸标注

尺寸标注的各个组成部分（如文字的大小、尺寸起止符号的形式等）都可以通过调整尺寸样式进行修改，但当变动尺寸样式后，所有与此样式相关联的尺寸标注都将发生变化。如果仅仅想改变某一个尺寸的外观或标注文本的内容该怎么办？本节将通过一个实例介绍编辑单个尺寸标注的方法。

以下练习包括修改标注文本的内容、调整标注的位置及更新尺寸标注等内容。

7.7.1 修改尺寸标注文字

如果仅仅是修改尺寸标注文字，那么最佳的方法是使用 DDEDIT 命令，执行该命令后，可以连续修改想要编辑的尺寸标注。

练习7-18　编辑尺寸标注

【练习 7-18】　下面使用 DDEDIT 命令修改标注文本的内容。

（1）打开素材文件"dwg\第 7 章\7-18.dwg"。

（2）输入 DDEDIT 命令，系统提示"选择注释对象或[放弃（U）]:"，选择尺寸"6000"后，打开【文字编辑器】选项卡，在该编辑器中输入新的尺寸值"6040"，如图 7-50 所示。

图 7-50　在【文字编辑器】中修改尺寸值

（3）单击 ✕ 按钮，返回绘图窗口，系统继续提示"选择注释对象或[放弃（U）]:"，此时选择尺寸"450"，然后输入新尺寸值"550"，结果如图 7-51 所示。

图 7-51   修改尺寸文本

7.7.2   利用关键点调整标注位置

关键点编辑方式非常适合于移动尺寸线和标注文字，这种编辑模式一般通过尺寸线两端的或标注文字所在处的关键点来调整尺寸标注的位置。

【练习 7-19】   下面使用关键点编辑方式调整尺寸标注的位置。

（1）接上例。选择尺寸"7190"，并激活文本所在处的关键点，系统将自动进入拉伸编辑模式。

（2）向下移动鼠标光标，调整文本的位置，结果如图 7-52 所示。

（3）使用关键点编辑方式调整尺寸标注"150""1480"及"2800"的位置，结果如图 7-53 所示。

练习7-19   调整标注文字位置

图 7-52   调整文本的位置

图 7-53   调整尺寸的位置

使用 STRETCH 命令可以一次调整多个尺寸的位置。

调整尺寸标注位置的最佳方法是采用关键点编辑方式，激活关键点后，即可移动文本或尺寸线到适当的位置。若还不能满足要求，则可使用 EXPLODE 命令将尺寸标注分解为单个对象，然后调整它们的位置，以达到满意的效果。

7.7.3   更新标注

使用 "-DIMSTYLE" 命令的 "应用（A）" 选项（或单击【注释】选项卡中【标注】面板上的
按钮）可方便地修改单个尺寸标注的属性。如果发现某个尺寸标注的格式不正确，就修改尺寸样式中相关的尺寸变量，注意要使用尺寸样式的覆盖方式，然后通过 "-DIMSTYLE" 命令使要修改的尺寸按新的尺寸样式进行更新。在使用此命令时，用户可以连续地对多个尺寸进行编辑。

【练习7-20】   下面通过使用 "-DIMSTYLE" 命令将直径尺寸文本水平放置。

（1）接上例。单击【注释】面板上的按钮，打开【标注样式管理器】对话框。

（2）单击 替代(O)... 按钮，打开【替代当前样式】对话框。

（3）进入【符号和箭头】选项卡，在【箭头】分组框的【第一个】下拉列表中选择【实心闭合】，在【箭头大小】栏中输入数值 "2.0"。

（4）进入【文字】选项卡，在【文字对齐】分组框中选择【水平】单选项。

（5）返回主窗口，单击按钮，系统提示 "选择对象"，选择直径尺寸，结果如图 7-54 所示。

图 7-54   更新尺寸标注

7.8 | 在建筑图中标注注释性尺寸

在建筑图中创建尺寸标注时，需要注意的一个问题：尺寸文本的高度及箭头大小应如何设置。若设置不当，打印出图后，由于打印比例的影响，尺寸外观往往不合适。要解决这个问题，可以采用下面的方法。

在尺寸样式中将标注文本高度及箭头大小等设置成与图纸上的真实大小一致，再设定标注全局比例因子为打印比例的倒数即可。例如，打印比例为 1：100，标注全局比例就为 100。标注时标注外观放大 100 倍，打印时缩小 100 倍。

另一个方法是创建注释性尺寸，此类对象具有注释比例属性。只需设置注释对象当前注释比例等于出图比例，就能保证出图后标注外观与最初设定值一致。

【**练习 7-21**】 练习创建注释性尺寸。

（1）创建新的尺寸样式并使其成为当前样式。在【创建新标注样式】对话框中选择【注释性】复选项，设定新样式为注释性样式，如图 7-55（a）所示，也可在【修改标注样式】对话框中修改已有样式为注释性样式，如图 7-55（b）所示。

（2）在注释性标注样式中设定尺寸文本高度、箭头外观大小与图纸上一致。

（3）单击 AutoCAD 状态栏底部的 [⚠1:1▾] 按钮，设定当前注释比例值等于打印比例。

（4）创建尺寸标注，该尺寸为注释性尺寸，具有注释比例属性，其注释比例为当前设置值。

可以认为注释比例就是打印比例，创建注释尺寸后，系统自动以当前注释比例的倒数缩放其外观，这样就保证了输出图形后尺寸外观等于设定值。例如，设定标注字高为 3.5，设置当前注释比例为 1：100，创建尺寸后该尺寸的注释比例就为 1：100，显示在图形窗口中的标注外观将放大 100 倍，字高变为 350。这样当以 1：100 比例出图后，文字高度变为 3.5。

（a）

（b）

图 7-55　创建注释性标注样式

注释对象可以具有一个或多个注释比例，设定其中之一为当前注释比例，则注释对象外观以该比例值的倒数为缩放因子变大或变小。选择注释对象，通过右键快捷菜单上的【特性】命令可添加或删除注释比例。单击 AutoCAD 状态栏底部的 [⚠1:1▾] 按钮，可指定注释对象的某个比例值为当前注释比例。

7.9 综合练习——采用普通及注释性尺寸标注建筑平面图

【**练习 7-22**】 打开素材文件"dwg\第 7 章\7-22.dwg"，该文件中包含一张 A3 幅面的建筑平面图，绘图比例为 1：100。标注此图样，结果如图 7-56 所示。

图 7-56　标注建筑平面图

（1）建立一个名为"建筑-标注"的图层，设置图层颜色为红色，线型为"Continuous"，并使其成为当前层。

（2）创建新文字样式，样式名为"标注文字"，与该样式相关联的字体文件是"gbenor.shx"和"gbcbig.shx"。

（3）创建一个尺寸样式，名称为"工程标注"，对该样式进行以下设置。

- 标注文本连接"标注文字"，文字高度为"2.5"，精度为"0.0"，小数点格式为"句点"。
- 标注文本与尺寸线间的距离为"0.8"。
- 尺寸起止符号为"建筑标记"，其大小为"1.3"。
- 尺寸界线超出尺寸线的长度为"1.5"。
- 尺寸线起始点与标注对象端点间的距离为"0.6"。
- 标注基线尺寸时，平行尺寸线间的距离为"8"。
- 标注全局比例因子为"100"。
- 使"工程标注"成为当前样式。

（4）激活对象捕捉，设置捕捉类型为"端点""交点"。

（5）使用 XLINE 命令绘制水平辅助线 A 及竖直辅助线 B、C 等，竖直辅助线是墙体、窗户等结构的引出线，水平辅助线与竖直线的交点是标注尺寸的起始点和终止点，标注尺寸"1150""1800"等，结果如图 7-57 所示。

图 7-57　标注尺寸"1150""1800"等

（6）使用同样的方法标注图样左边、右边及下边的轴线间距尺寸及结构细节尺寸。

（7）标注建筑物内部的结构细节尺寸，如图7-58所示。

图7-58　标注细节尺寸

（8）绘制轴线引出线，再绘制半径为350的圆，在圆内书写轴线编号，字高为350，结果如图7-59所示。

（9）复制圆及轴线编号，然后使用DDEDIT命令修改编号数字，结果如图7-56所示。

（10）将当前标注样式修改为注释性标注样式。

（11）单击程序窗口状态栏底部的 按钮，设置当前注释比例为1∶100。

图7-59　书写轴线编号

（12）利用【注释】选项卡中【标注】面板上的 按钮更新所有尺寸，将尺寸修改为注释性尺寸，观察尺寸外观的变化。

（13）选择部分尺寸，通过右键快捷菜单上的【特性】命令给尺寸添加多个注释比例，然后，单击 按钮设定其中之一为当前注释比例，观察尺寸外观的变化。

7.10

综合练习——标注不同绘图比例的剖面图

【练习7-23】　打开素材文件"dwg\第7章\7-23.dwg"，该文件中包含一张A3幅面的图纸，图纸上有两个剖面图，绘图比例分别为1∶20和1∶10，标注这两个图样，结果如图7-60所示。

图 7-60　标注不同绘图比例的剖面图

（1）建立一个名为"建筑-标注"的图层，设置图层颜色为红色，线型为"Continuous"，并使其成为当前层。

（2）创建新文字样式，样式名为"标注文字"，与该样式相关联的字体文件是"gbeitc.shx"和"gbcbig.shx"。

（3）创建一个尺寸样式，名称为"工程标注"，对该样式进行以下设置。

- 标注文本连接"标注文字"，文字高度为"2.5"，精度为"0.0"，小数点格式为"句点"。
- 标注文本与尺寸线间的距离为"0.8"。
- 尺寸起止符号为"建筑标记"，其大小为"1.3"。
- 尺寸界线超出尺寸线的长度为"1.5"。
- 尺寸线起始点与标注对象端点间的距离为"1.5"。
- 标注基线尺寸时，平行尺寸线间的距离为"8"。
- 标注全局比例因子为"20"。
- 使"工程标注"成为当前样式。

（4）激活对象捕捉，设置捕捉类型为"端点""交点"。

（5）标注尺寸"370""1065"等，再利用当前样式的覆盖方式标注直径和半径尺寸，结果如图 7-61 所示。

图 7-61　标注尺寸"370""1065"等

（6）使用 XLINE 命令绘制水平辅助线 A 及竖直辅助线 B、C 等，水平辅助线与竖直线的交点是标注尺寸的起始点和终止点，标注尺寸"200""750"等，结果如图 7-62 所示。

图 7-62　标注尺寸 "200" "750" 等

（7）标注尺寸 "100" "1775" 等，结果如图 7-63 所示。

图 7-63　标注尺寸 "100" "1775" 等

（8）以 "工程标注" 为基础样式创建新样式，样式名为 "工程标注 1-10"。新样式的标注数字比例因子为 "0.5"，除此之外，新样式的尺寸变量与基础样式的完全相同。

由于 1∶20 的剖面图是按 1∶1 的比例绘制的，所以 1∶10 的剖面图比真实尺寸放大了两倍，为使标注文字能够正确反映出建筑物的实际大小，应设定标注数字比例因子为 0.5。

（9）使 "工程标注 1-10" 成为当前样式，然后标注尺寸 "310"、"470" 等，结果如图 7-64 所示。

图 7-64　标注尺寸 "310" "470" 等

习　　题

1. 打开素材文件 "dwg\第 7 章\7-24.dwg"，标注该图样，结果如图 7-65 所示。标注文字采用的字体为 "gbenor.shx"，字高为 2.5，标注全局比例因子为 50。

图 7-65　标注图样（1）

2. 打开素材文件"dwg\第 7 章\7-25.dwg"，标注该图样，结果如图 7-66 所示。标注文字采用的字体为"gbenor.shx"，字高为 2.5，标注全局比例因子为 150。

图 7-66　标注图样（2）

3. 打开素材文件"dwg\第 7 章\7-26.dwg"，标注该图样，结果如图 7-67 所示。标注文字采用的字体为"gbenor.shx"，字高为 2.5，标注全局比例因子为 100。

建筑立面图　1∶100

图 7-67　标注图样（3）

4. 打开素材文件 "dwg\第 7 章\7-27.dwg"，标注该图样，结果如图 7-68 所示。标注文字采用的字体为 "gbenor.shx"，字高为 2.5，标注全局比例因子为 100。

图 7-68　标注图样（4）

第8章

查询信息、图块、外部参照及设计工具

【学习目标】

- 掌握获取图形信息的方法。
- 学会如何创建、使用及编辑块属性。
- 熟悉如何使用外部参照。
- 熟悉如何使用 AutoCAD 设计中心。
- 熟悉如何使用、修改及创建工具选项板。

通过本章的学习，读者要掌握查询距离、面积及周长等图形信息的方法，并了解块、外部参照、设计中心及工具选项板的基本使用方法。

8.1 获取图形信息的方法

本节将介绍获取图形信息的一些命令。

8.1.1 课堂实训——查询图形周长及面积

实训的任务是查询图 8-1 所示图形的周长、面积等信息。

【练习 8-1】 打开素材文件 "dwg\第 8 章\8-1.dwg"，如图 8-1 所示。试计算：

（1）图形外轮廓线的周长。

（2）图形面积。

练习8-1 查询图形周长及面积

（3）圆心 A 到中心线 B 的距离。

（4）中心线 B 的倾斜角度。

操作步骤如下。

（1）用 REGION 命令将图形外轮廓线框 C（见图 8-2）创建成面域，然后用 LIST 命令获取此线框周长，数值为 1766.97。

（2）将线框 D、E 及 4 个圆创建成面域，用面域 C "减去" 面域 D、

E 及 4 个圆面域，如图 8-2 所示。

图 8-1　获取面积、周长等信息

图 8-2　差运算

（3）用 LIST 命令查询面域面积，数值为 117908.46。

（4）查询圆心 A 到中心线 B 的距离，数值为 284.95。

（5）用 LIST 命令获取中心线 B 的倾斜角度，数值为 150°。

8.1.2　获取点的坐标

ID 命令用于查询图形对象上某点的绝对坐标，坐标值以 "x,y,z" 形式显示出来。对于二维图形，z 坐标值为零。

命令启动方法如下。

- 菜单命令：【工具】/【查询】/【点坐标】。
- 面板：【默认】选项卡中【实用工具】面板上的 [🔍点坐标] 按钮。
- 命令：ID。

【练习 8-2】　练习 ID 命令。

打开素材文件 "dwg\第 8 章\8-2.dwg"，单击【实用工具】面板上的 [🔍点坐标] 按钮，启动 ID 命令，AutoCAD 提示如下。

```
命令: '_id指定点: cen 于                    //捕捉圆心 A，如图 8-3 所示
X = 1463.7504   Y = 1166.5606   Z = 0.0000  //AutoCAD 显示圆心坐标值
```

图 8-3　查询点的坐标

练习8-2 获取点的坐标

要点提示

ID 命令显示的坐标值与当前坐标系的位置有关。如果用户创建新坐标系，则 ID 命令测量的同一点坐标值将不同。

8.1.3　测量距离

DIST 命令可测量两点之间的距离，同时计算出与两点连线相关的某些角度。

命令启动方法如下。

练习8-3 测量距离

- 菜单命令：【工具】/【查询】/【距离】。
- 面板：【默认】选项卡中【实用工具】面板上的 ⊟ 按钮。
- 命令：DIST 或简写 DI。

【练习 8-3】 练习 DIST 命令。

打开素材文件"dwg\第 8 章\8-3.dwg"，单击【实用工具】面板上的 ⊟ 按钮，启动 DIST 命令，AutoCAD 提示如下。

```
命令：'_dist 指定第一点：end 于              //捕捉端点 A，如图 8-4 所示
指定第二点：end 于                           //捕捉端点 B
距离 = 206.9383，XY 平面中的倾角 = 106，   与 XY 平面的夹角 = 0
X 增量 = -57.4979，   Y 增量 = 198.7900，   Z 增量 = 0.0000
```

DIST 命令显示的测量值意义如下。

- 距离：两点间的距离。
- XY 平面中的倾角：两点连线在 xy 平面上的投影与 x 轴间的夹角。
- 与 XY 平面的夹角：两点连线与 xy 平面间的夹角。
- X 增量：两点的 x 坐标差值。
- Y 增量：两点的 y 坐标差值。
- Z 增量：两点的 z 坐标差值。

图 8-4　测量距离

要点提示

使用 DIST 命令时，两点的选择顺序不影响距离值，但影响该命令的其他测量值。

8.1.4　计算图形面积及周长

AREA 命令可以计算出圆、面域、多边形或一个指定区域的面积及周长，还可以进行面积的加、减运算。

1. 命令启动方法

练习8-4　计算图形面积及周长

- 菜单命令：【工具】/【查询】/【面积】。
- 面板：【默认】选项卡中【实用工具】面板上的 ⊟ 按钮。
- 命令：AREA 或简写 AA。

【练习 8-4】 练习 AREA 命令。

打开素材文件"dwg\第 8 章\8-4.dwg"，启动 AREA 命令，AutoCAD 提示如下。

```
命令：_area
指定第一个角点或[对象（O）/增加面积（A）/减少面积（S）/退出（X）]：
                                             //捕捉交点 A，如图 8-5 所示
指定下一个点或[圆弧（A）/长度（L）/放弃（U）]：          //捕捉交点 B
指定下一个点或[圆弧（A）/长度（L）/放弃（U）]：          //捕捉交点 C
指定下一个点或[圆弧（A）/长度（L）/放弃（U）/总计（T）] <总计>：//捕捉交点 D
指定下一个点或[圆弧（A）/长度（L）/放弃（U）/总计（T）] <总计>：//捕捉交点 E
```

指定下一个点或[圆弧（A）/长度（L）/放弃（U）/总计（T）]<总计>：　//捕捉交点 F
指定下一个点或[圆弧（A）/长度（L）/放弃（U）/总计（T）]<总计>：　//按 Enter 键结束

　面积 = 553.7844，周长 = 112.1768

命令：　　　　　　　　　　　　　　　　　　　　　　　　　　　//重复命令
AREA
指定第一个角点或[对象（O）/增加面积（A）/减少面积（S）/退出（X）]：　//捕捉端点 G
指定下一个点或[圆弧（A）/长度（L）/放弃（U）]：　//捕捉端点 H
指定下一个点或[圆弧（A）/长度（L）/放弃（U）]：　//捕捉端点 I
指定下一个点或[圆弧（A）/长度（L）/放弃（U）/总计（T）]<总计>：　//按 Enter 键结束

　面积 = 198.7993，周长 = 67.4387

2. 命令选项

（1）对象（O）：求出所选对象的面积，有以下几种情况。

图 8-5　计算面积

- 用户选择的对象是圆、椭圆、面域、正多边形和矩形等闭合图形。
- 对于非封闭的多段线及样条曲线，AutoCAD 将假定有一条连线使其闭合，然后计算出闭合区域的面积，而所计算出的周长却是多段线或样条曲线的实际长度。

（2）增加面积（A）：进入"加"模式。该选项使用户可以将新测量的面积加入总面积中。

命令：_area
指定第一个角点或[对象（O）/增加面积（A）/减少面积（S）/退出（X）]<对象（O）>：a
　　　　　　　　　　　　　　　　　　　　　　　　　　　//进入"增加面积"模式
指定第一个角点或[对象（O）/减少面积（S）/退出（X）]：　//捕捉交点 A，如图 8-6 所示
（"加"模式）指定下一个点或[圆弧（A）/长度（L）/放弃（U）]：　//捕捉交点 B
（"加"模式）指定下一个点或[圆弧（A）/长度（L）/放弃（U）]：　//捕捉交点 C
（"加"模式）指定下一个点或[圆弧（A）/长度（L）/放弃（U）/总计（T）]<总计>：
　　　　　　　　　　　　　　　　　　　　　　　　　　　//捕捉交点 D
（"加"模式）指定下一个点或[圆弧（A）/长度（L）/放弃（U）/总计（T）]<总计>：
　　　　　　　　　　　　　　　　　　　　　　　　　　　//捕捉交点 E
（"加"模式）指定下一个点或[圆弧（A）/长度（L）/放弃（U）/总计（T）]<总计>：
　　　　　　　　　　　　　　　　　　　　　　　　　　　//捕捉交点 F
（"加"模式）指定下一个点或[圆弧（A）/长度（L）/放弃（U）/总计（T）]<总计>：
　　　　　　　　　　　　　　　　　　　　　　　　　　　//按 Enter 键
　面积 = 389.6385，周长 = 81.2421　　　　　　　　　　　//左边图形的面积及周长
　总面积 = 389.6385
指定第一个角点或[对象（O）/减少面积（S）/退出（X）]：　//捕捉交点 G
（"加"模式）指定下一个点或[圆弧（A）/长度（L）/放弃（U）]：　//捕捉交点 H
（"加"模式）指定下一个点或[圆弧（A）/长度（L）/放弃（U）]：　//捕捉交点 I
（"加"模式）指定下一个点或[圆弧（A）/长度（L）/放弃（U）/总计（T）]<总计>：
　　　　　　　　　　　　　　　　　　　　　　　　　　　//捕捉交点 J
（"加"模式）指定下一个点或[圆弧（A）/长度（L）/放弃（U）/总计（T）]<总计>：
　　　　　　　　　　　　　　　　　　　　　　　　　　　//按 Enter 键
　面积 = 146.2608，周长 = 48.4006　　　　　　　　　　　//右边图形的面积及周长
　总面积 = 535.8993　　　　　　　　　　　　　　　　　　//两个图形的面积总和
指定第一个角点或[对象（O）/减少面积（S）/退出（X）]：　//按 Esc 键结束

图 8-6　求图形总面积

（3）减少面积（S）：利用此选项可使 AutoCAD 把新测量的面积从总面积中扣除。

```
命令: _area
指定第一个角点或[对象(O)/增加面积(A)/减少面积(S)/退出(X)] <对象(O)>: a
                                              //进入"增加面积"模式
指定第一个角点或[对象(O)/减少面积(S)/退出(X)]:        //捕捉交点 A, 如图 8-7 所示
("加"模式)指定下一个点或[圆弧(A)/长度(L)/放弃(U)]:   //捕捉交点 B
("加"模式)指定下一个点或[圆弧(A)/长度(L)/放弃(U)]:   //捕捉交点 C
("加"模式)指定下一个点或[圆弧(A)/长度(L)/放弃(U)/总计(T)] <总计>:
                                              //捕捉交点 D
("加"模式)指定下一个点或[圆弧(A)/长度(L)/放弃(U)/总计(T)] <总计>:
                                              //按 Enter 键
面积 = 723.5827, 周长 = 111.0341
总面积 = 723.5827                              //大矩形的面积
指定第一个角点或[对象(O)/减少面积(S)/退出(X)]: s    //进入"减少面积"模式
指定第一个角点或[对象(O)/增加面积(A)/退出(X)]: o    //使用"对象(O)"选项
("减"模式) 选择对象:                           //选择圆
面积 = 37.7705, 圆周长 = 21.7862
总面积 = 685.8122                              //大矩形与圆的面积之差
("减"模式) 选择对象:                           //按 Enter 键
指定第一个角点或[对象(O)/增加面积(A)/退出(X)]:      //捕捉交点 E
("减"模式)指定下一个点或[圆弧(A)/长度(L)/放弃(U)]:   //捕捉交点 F
("减"模式)指定下一个点或[圆弧(A)/长度(L)/放弃(U)]:   //捕捉交点 G
("减"模式)指定下一个点或[圆弧(A)/长度(L)/放弃(U)/总计(T)] <总计>:
                                              //捕捉交点 H
("减"模式)指定下一个点或[圆弧(A)/长度(L)/放弃(U)/总计(T)] <总计>:
                                              //按 Enter 键
面积 = 75.5912, 周长 = 36.9312                 //小矩形的面积和周长
总面积 = 610.2210                              //大矩形与圆、小矩形的面积之差
指定第一个角点或[对象(O)/增加面积(A)/退出(X)]:      //按 Esc 键结束
```

图 8-7　求面积之差

用户可以将复杂的图形创建成面域，然后用 LIST 命令查询面积及周长。

8.1.5　列出对象的图形信息

LIST 命令将列表显示对象的图形信息，这些信息随对象类型的不同而不同，一般包括以下内容。

- 对象的类型、图层及颜色。
- 对象的一些几何特性，如线段的长度、端点坐标、圆心位置、半径大小、圆的面积及周长等。

命令启动方法如下。

- 菜单命令：【工具】/【查询】/【列表】。
- 面板：【默认】选项卡中【特性】面板上的 按钮。
- 命令：LIST 或简写 LI。

【练习8-5】　练习 LIST 命令。

打开素材文件 "dwg\第 8 章\8-5.dwg"，单击【特性】面板上的 按钮，启动 LIST 命令，AutoCAD 提示如下。

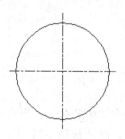

练习8-5　列出对象的图形信息

```
命令: _list
选择对象: 找到 1 个          //选择圆，如图 8-8 所示
选择对象:                    //按 Enter 键结束，AutoCAD 打开【文本窗口】
    圆      图层: 0
空间: 模型空间
句柄 = 1e9
圆心 点, X=1643.5122  Y=1348.1237  Z=0.0000
半径    59.1262
周长  371.5006
面积 10982.7031
```

图 8-8　列出对象的几何信息

8.1.6　查询图形信息综合练习

练习8-6　查询图形信息综合练习

【练习8-6】　打开素材文件 "dwg\第 8 章\8-6.dwg"，如图 8-9 所示，下面计算该图形的面积及周长。

（1）用 REGION 命令将图形外轮廓线框及内部线框创建成面域。

（2）用 LIST 查询外轮廓线面域的面积和周长，结果为：面积等于 437365.5701，周长等于 2872.3732。

（3）用 LIST 查询内部线框面域的面积和周长，结果为：面积等于 142814.4801，周长等于 1667.5426。

（4）用外轮廓线框构成的面域"减去"内部线框构成的面域。

图 8-9　计算图形面积及周长

（5）用 LIST 查询新面域的面积和周长，结果为：面积等于 294551.0900，周长等于 4539.9158。

8.2 图块

图块是由多个对象组成的单一整体，在需要时可将其作为单独对象插入图形中使用。在建筑图中有许多反复使用的图形，如门、窗、家具等。若事先将这些对象创建成块，则使用时只需插入块即可，这样就避免了重复劳动，提高了设计效率。

8.2.1　课堂实训——创建图块、显示图块及插入图块

实训的任务是创建符号块，显示并使用它。

【练习8-7】　创建及插入图块。

（1）打开素材文件"dwg\第 8 章\8-7.dwg"，将图中"沙发""转椅"及"计算机"复制到新图形文件中，新文件名为"符号库"。

（2）将新文件中"沙发""转椅"及"计算机"创建成图块，设定块的插入点分别为点 A、点 B、点 C，如图 8-10 所示。

图 8-10　创建图块

（3）切换到文件"8-7.dwg"，打开设计中心，利用设计中心显示"符号库"中的图块，然后插入"沙发""转椅"及"计算机"，结果如图 8-11 所示。

练习8-7　图块（1）

图 8-11　创建图块

8.2.2　创建及插入图块

用 BLOCK 命令可以将图形的一部分或整个图形创建成图块，用户可以给图块起名，并可定义插入基点。

命令启动方法如下。

练习8-8　图块（2）

- 菜单命令：【绘图】/【块】/【创建】。
- 面板：【默认】选项卡中【块】面板上的 按钮。
- 命令：BLOCK 或简写 B。

【练习8-8】　创建图块。

（1）打开素材文件"dwg\第 8 章\8-8.dwg"。

（2）单击【块】面板上的 按钮，打开【块定义】对话框，如图 8-12 所示，在【名称】栏中输入新建图块的名称"座椅"。

（3）选择构成块的图形元素，单击 按钮（选择对象），系统返回绘图窗口，并提示"选择对象"，选择"座椅"，如图 8-13 所示。

图 8-12　【块定义】对话框

图 8-13　创建图块

（4）指定块的插入基点，单击 按钮（拾取点），系统将返回绘图窗口，并提示"指定插入基点"，拾取点 A，如图 8-13 所示。

（5）单击 确定 按钮，生成图块。

（6）插入图块。单击【块】面板上的 按钮，或键入 INSERT 命令，AutoCAD 打开【插入】对话框，在【名称】下拉列表中选择【座椅】，在【插入点】、【比例】及【旋转】分组框中选择【在屏幕上指定】复选项，如图 8-14 所示。

图 8-14　【插入】对话框

（7）单击 ▭确定▭ 按钮，AutoCAD 提示如下。

```
命令: _insert
指定插入点或[基点（B）/比例（S）/X/Y/Z/旋转（R）]:
                                    //单击一点指定插入点
输入 X 比例因子，指定对角点，或[角点（C）/XYZ（XYZ）] <1>: 1
                                    //输入 x 方向缩放比例因子
输入 Y 比例因子或 <使用 X 比例因子>: 1      //输入 y 方向缩放比例因子
指定旋转角度 <0>: -90                 //输入图块的旋转角度
```

 可以指定 x、y 方向的负缩放比例因子，此时插入的图块将做镜像变换。

（8）插入其余图块，复制、旋转及镜像图块，结果如图 8-15 所示。

图 8-15　插入图块

 在定制符号块时，一般将块图形画在 1×1 的正方形中，这样就便于在插入块时确定图块沿 x、y 方向的缩放比例因子。

【块定义】及【插入】对话框中常用选项的功能如表 8-1 所示。

表 8-1　　　　　　　　　　　　　常用选项的功能

对 话 框	选 项	功 能
【块定义】	【名称】	在此栏中输入新建图块的名称
	【选择对象】	单击此按钮，AutoCAD 切换到绘图窗口，用户在绘图区中选择构成图块的图形对象
	【拾取点】	单击此按钮，AutoCAD 切换到绘图窗口，用户可直接在图形中拾取某点作为块的插入基点
	【保留】	AutoCAD 生成图块后，还保留构成块的原对象
	【转换为块】	AutoCAD 生成图块后，把构成块的原对象也转化为块

续表

对 话 框	选 项	功 能
【插入】	【名称】	通过此下拉列表选择要插入的块。如果要将".dwg"文件插入当前图形中，就单击 浏览(B)... 按钮，然后选择要插入的文件
	【统一比例】	使块沿 x、y、z 方向的缩放比例都相同
	【分解】	AutoCAD 在插入块的同时分解块对象

8.2.3 创建及使用块属性

在 AutoCAD 中可以使块附带属性，属性类似于商品的标签，包含了图块所不能表达的其他各种文字信息（如型号、日期等），存储在属性中的信息一般称为属性值。当用 BLOCK 命令创建块时，将已定义的属性与图形一起生成块，这样块中就包含属性了，当然，用户也能仅将属性本身创建成一个块。

当在图样中插入带属性的图块时，AutoCAD 会提示用户输入属性值，插入图块后，还可对属性进行编辑。块属性的这种特性使其在建筑图中非常有用，例如，可创建附带属性的门、窗块，设定属性值为门、窗型号，这样，当插入这些块时就可同时输入型号数据，或是事后编辑这些数据。

命令启动方法如下。

- 菜单命令：【绘图】/【块】/【定义属性】。

- 面板：【默认】选项卡中【块】面板上的 按钮。

- 命令：ATTDEF 或简写 ATT。

启动 ATTDEF 命令，AutoCAD 打开【属性定义】对话框，如图 8-16 所示，用户利用该对话框创建块属性。

图 8-16 【属性定义】对话框

【属性定义】对话框中常用选项的功能介绍如下。

- 【不可见】：控制属性值在图形中的可见性。如果想使图中包含属性信息，但又不想使其在图形中显示出来，就选中该复选项。有一些文字信息（如零部件的成本、产地和存放仓库等）不必在图样中显示出来，就可设定为不可见属性。

- 【固定】：选中该复选项，属性值将为常量。

- 【验证】：设置是否对属性值进行校验。若选中该复选项，则插入块并输入属性值后，AutoCAD 将再次给出提示，让用户校验输入值是否正确。

- 【预设】：该选项用于设定是否将实际属性值设置成默认值。若选中该复选项，则插入块时，AutoCAD 将不再提示用户输入新属性值，实际属性值等于【属性】分组框中的默认值。

- 【锁定位置】：锁定块参照中属性的位置。解锁后，属性可以相对于使用夹点编辑的块的其他部分移动，并且可以调整多行文字属性的大小。

- 【多行】：指定属性值可以包含多行文字。选中此复选项后，可以指定属性的边界宽度。

- 【标记】：标识图形中每次出现的属性。使用任何字符组合（空格除外）输入属性标记。小写字母会自动转换为大写字母。
- 【提示】：指定在插入包含该属性定义的块时显示的提示。如果不输入提示，那么属性标记将用作提示。如果在【模式】分组框中选择【固定】复选项，那么【属性】分组框中的【提示】选项将不可用。
- 【默认】：指定默认的属性值。
- 【插入点】：指定属性位置，输入坐标值或者选中【在屏幕上指定】复选项。
- 【对正】：该下拉列表中包含了十多种属性文字的对齐方式，如布满、居中、中间、左对齐和右对齐等。这些选项的功能与 DTEXT 命令对应选项的功能相同。
- 【文字样式】：从该下拉列表中选择文字样式。

练习8-9 创建及使用块属性

- 【文字高度】：用户可直接在文本框中输入属性的文字高度，或者单击右侧按钮切换到绘图窗口，在绘图区中拾取两点以指定高度。
- 【旋转】：设定属性文字的旋转角度。

【练习 8-9】　下面的练习将演示定义属性及使用属性的具体过程。

（1）打开素材文件"dwg\第 8 章\8-9.dwg"。

（2）键入 ATTDEF 命令，AutoCAD 打开【属性定义】对话框，如图 8-17 所示。在【属性】分组框中输入下列内容。

标记：	姓名及号码	
提示：	请输入您的姓名及电话号码	
默认：	李燕	2660732

（3）在【文字样式】下拉列表中选择【样式-1】，在【文字高度】文本框中输入数值"3"，单击　确定　按钮，AutoCAD 提示"指定起点"，在电话机的下边拾取点 A，如图 8-18 所示。

（4）将属性与图形一起创建成图块。单击【块】面板上的按钮，AutoCAD 打开【块定义】对话框，如图 8-19 所示。

（5）在【名称】栏中输入新建图块的名称"电话机"，在【对象】分组框中选择【保留】单选项，如图 8-19 所示。

（6）单击按钮（选择对象），AutoCAD 返回绘图窗口，并提示"选择对象"，选择电话机及属性，如图 8-18 所示。

图 8-17　【属性定义】对话框

姓名及号码

图 8-18　定义属性

图 8-19 【块定义】对话框

（7）指定块的插入基点。单击[[]]按钮（拾取点），AutoCAD 返回绘图窗口，并提示"指定插入基点"，拾取点 B，如图 8-18 所示。

（8）单击[确定]按钮，AutoCAD 生成图块。

（9）插入带属性的块。单击【块】面板上的[]按钮，AutoCAD 打开【插入】对话框，在【名称】下拉列表中选择【电话机】，如图 8-20 所示。

图 8-20 【插入】对话框

（10）单击[确定]按钮，AutoCAD 提示如下。

```
指定插入点或[基点（B）/比例（S）/X/Y/Z/旋转（R）]：    //在屏幕上的适当位置指定插入点
请输入您的姓名及电话号码 <李燕  2660732>：张涛  5895926
                                          //输入属性值
```

结果如图 8-21 所示。

姓名及号码   张涛 5895926

图 8-21 插入附带属性的图块

8.2.4　编辑块的属性

若属性已被创建成块，则用户可用 EATTEDIT 命令来编辑属性值及属性的其他特性。
命令启动方法如下。

- 菜单命令：【修改】/【对象】/【属性】/【单个】。
- 面板：【默认】选项卡中【块】面板上的 按钮。
- 命令：EATTEDIT。

【练习 8-10】　练习 EATTEDIT 命令。

打开素材文件"dwg\第 8 章\8-10.dwg"，启动 EATTEDIT 命令，
AutoCAD 提示"选择块"，用户选择要编辑的图块后，AutoCAD 打开【增
强属性编辑器】对话框，如图 8-22 所示，在该对话框中用户可对块属性进行编辑。

【增强属性编辑器】对话框中有【属性】、【文字选项】和【特性】3 个选项卡，它们的功能
如下。

- 【属性】选项卡：在该选项卡中，AutoCAD 列出了当前块对象中各个属性的标记、提
示及值，如图 8-22 所示。选中某一属性，用户就可以在【值】框中修改属性的值。
- 【文字选项】选项卡：该选项卡用于修改属性文字的一些特性，如文字样式、字高等，
如图 8-23 所示。该选项卡中各选项的含义与【文字样式】对话框中同名选项的含义相同。

图 8-22　【增强属性编辑器】对话框

图 8-23　【文字选项】选项卡

- 【特性】选项卡：在该选项卡中用户可以修改属性文字的图层、线型、颜色等，如图
8-24 所示。

图 8-24　【特性】选项卡

8.2.5 创建建筑图例库

建筑图例库包含了建筑图中常用的图例，如门、窗、室内家具等，这些图例以块的形式保存在图形文件中。在绘制建筑图时，用户可以通过设计中心或工具选项板插入图例库中的图块。图例块一般都绘制在 1×1 的正方形中，插入时用户可以很方便地确定块的缩放比例。也可将图例块创建成动态块，这样可在插入图块后利用关键点编辑方式或 PROPERTIES 命令修改图块的尺寸。

【**练习 8-11**】 利用符号块绘制电路图。

（1）打开素材文件"dwg\第 8 章\8-11.dwg"。

（2）将图中的 3 个电气符号创建成图块，插入点分别设定在点 A、点 B、点 C 处，如图 8-25 所示。

练习8-11 创建建筑图例库

图 8-25　创建符号块

这 3 个符号的高度都为 1。这样当使用块时，用户能更方便地控制块的缩放比例。

（3）在要放置符号的位置绘制矩形，矩形高度为 5，如图 8-26 所示。修剪及删除多余线条，结果如图 8-27 所示。

图 8-26　绘制矩形

图 8-27　修剪结果

（4）插入电气符号块，块的缩放比例为 5，如图 8-28 所示。

（5）用 TEXT 命令书写文字，字高为 2.5，宽度比例因子为 0.8，字体为宋体，结果如图 8-29 所示。

图 8-28　插入符号块

图 8-29　书写文字

8.2.6　上机练习——创建带属性的标题栏块

【练习8-12】　创建标题栏块，该块中要填写的文字项目为块属性。

（1）打开素材文件"dwg\第 8 章\8-12.dwg"，创建属性项 A、B、C、D，如图 8-30 所示。属性包含的内容如表 8-2 所示，属性项字高为 3.5，字体为"gbcbig.shx"。

练习8-12 创建带属性的标题栏块

图 8-30　画表格

表 8-2　　　　　　　　　　　　　各属性项包含的内容

项目	标记	提示	值
属性 A	绘图人	请输入绘图人姓名	张三
属性 B	设计人	请输入设计人姓名	张三
属性 C	校对人	请输入校对人姓名	张三
属性 D	审核人	请输入审核人姓名	张三

（2）用 BLOCK 命令将属性与图形一起定制成图块，块名为"标题栏"，插入点设定在表格的右下角点。

（3）选择菜单命令【修改】/【对象】/【属性】/【块属性管理器】，打开【块属性管理器】对话框，利用 下移(D) 按钮或 上移(U) 按钮调整属性项目的排列顺序，如图 8-31 所示。

（4）用 INSERT 命令插入图块"标题栏"，并输入属性值，也可双击图块修改属性值。

图 8-31　调整属性项目的排列顺序

8.3　使用外部参照

当用户将其他图形以块的形式插入到当前图样中时，被插入的图形就成为当前图样的一部分，但用户可能并不想如此，而仅仅是要把另一个图形作为当前图形的一个样例，或者想观察一下正在设计的模型与相关的其他模型是否匹配，此时就可通过外部引用（也称为 Xref）将其他图形文件放置到当前图形中。

Xref 使用户能方便地在自己的图形中以引用的方式看到其他图样，被引用的图并不成为当前图样的一部分，当前图形中仅记录了外部引用文件的位置和名称。虽然如此，用户仍然可以控制被引用图形层的可见性，并能进行对象捕捉。

利用 Xref 获得其他图形文件比插入文件块有更多的优点。

（1）外部引用的图形并不是当前图样的一部分，因而利用 Xref 组合的图样比通过文件块构成的图样要小。

（2）每当 AutoCAD 装载图样时，都将加载最新的 Xref 版本。因此，若外部图形文件有所改动，则用户装入的引用图形也将跟随着变动。

（3）利用外部引用将有利于几个人共同完成一个设计项目，因为 Xref 使设计者之间可以容易地察看对方的设计图样，从而协调设计内容。另外，Xref 也使设计人员同时使用相同的图形文件进行分工设计。例如，一个建筑设计小组的所有成员通过外部引用就能同时参照建筑物的结构平面图，然后分别开展电路、管道等方面的设计工作。

8.3.1　引用外部图形

引用外部 ".dwg" 图形文件的命令是 ATTACH，该命令可以加载一个或同时加载多个文件。

【练习 8-13】　练习 ATTACH 命令的使用。

（1）打开素材文件 "dwg\第 8 章\8-13.dwg"。

（2）单击【插入】选项卡中【参照】面板上的 按钮，启动 ATTACH 命令，打开【选择参照文件】对话框，通过此对话框选择文件 "dwg\第 8 章\8-13-A.dwg"，再单击 打开⑩ 按钮，弹出【附着外部参照】对话框，如图 8-32 所示。

图 8-32　【附着外部参照】对话框

（3）单击 确定 按钮，再按 AutoCAD 提示指定文件的插入点，然后将图形移动到图框中，如图 8-33 所示。

（4）用上述相同的方法引用图形文件 "8-13-B.dwg"，再用 MOVE 命令把两个平面图组合在一起，结果如图 8-33 所示。

（5）保存文件，下一小节将使用该文件。

【附着外部参照】对话框中各选项的功能如下。

- 【名称】：该下拉列表显示了当前图形中包含的外部参照文件的名称。用户可在此下拉列表中直接选取文件，也可单击 浏览⑧... 按钮查找其他参照文件。

图 8-33　插入并组合图形

- 【附着型】：图形文件 *A* 嵌套了其他的 Xref，而这些文件是以"附着型"方式被引用的。当新文件引用图形 *A* 时，用户不仅可以看到图形 *A* 本身，还能看到图形 *A* 中嵌套的 Xref。附加方式的 Xref 不能循环嵌套，即如果图形 *A* 引用了图形 *B*，而图形 *B* 又引用了图形 *C*，则图形 *C* 不能再引用图形 *A*。
- 【覆盖型】：图形 *A* 中有多层嵌套的 Xref，但它们均以"覆盖型"方式被引用。当其他图形引用图形 *A* 时，就只能看到图形 *A* 本身，而其包含的任何 Xref 都不会显示出来。覆盖方式的 Xref 可以循环引用，这使设计人员可以灵活地查看其他任何图形文件，而无需为图形之间的嵌套关系而担忧。
- 【比例】：在此分组框中指定外部参照文件的缩放比例，可直接在【X】、【Y】、【Z】文本框中输入沿这 3 个方向的比例因子，也可选择【在屏幕上指定】复选项，然后在屏幕上指定。
- 【旋转】：确定外部参照文件的旋转角度，可直接在【角度】文本框中输入角度值，也可选择【在屏幕上指定】复选项，然后在屏幕上指定。
- 【插入点】：在此分组框中指定外部参照文件的插入基点，可直接在【X】、【Y】、【Z】文本框中输入插入点坐标，也可选择【在屏幕上指定】复选项，然后在屏幕上指定。

8.3.2　更新外部引用

当修改了被引用的图形时，AutoCAD 并不自动更新当前图样中的 Xref 图形，用户必须重新加载以更新它。

继续前面的练习，下面修改引用图形，然后在当前图形中更新它。

（1）打开素材文件"dwg\第 8 章\8-13-A.dwg"，删除平面图中的轿车块，保存图形。

（2）切换到"8-13.dwg"图形文件，单击【插入】选项卡中【参照】面板右下角的 ⊿ 按钮，打开【外部参照】对话框，如图 8-34 所示。在该对话框的文件列表框中选中"8-13-A.dwg"文件后，单击鼠标右键，弹出快捷菜单，选择【重载】命令以加载外部图形。

（3）重新加载外部图形后，结果如图 8-35 所示。

图 8-34 【外部参照】对话框

图 8-35 重新加载图形

【外部参照】对话框中的常用选项和快捷菜单的功能介绍如下。

- □：单击此按钮，AutoCAD 弹出【选择参照文件】对话框，用户通过此对话框选择要插入的图形文件。

- 【附着】（以下都是快捷菜单中的命令）：选择此命令，AutoCAD 弹出【外部参照】对话框，用户通过此对话框选择要插入的图形文件。

- 【卸载】：选择此命令，暂时移走当前图形中的某个外部参照文件，但在列表框中仍保留该文件的路径。

- 【重载】：选择此命令，在不退出当前图形文件的情况下更新外部引用文件。

- 【拆离】：选择此命令，将某个外部参照文件去除。

- 【绑定】：选择此命令，将外部参照文件永久地插入当前图形中，使之成为当前文件的一部分，详细内容参见 8.3.3 小节。

8.3.3　转化外部引用文件的内容为当前图样的一部分

被引用的图形本身并不是当前图形的内容，因此引用图形的命名项目（如图层、文本样式和尺寸标注样式等）都以特有的格式表示出来。Xref 的命名项目表示形式为 "Xref 名称|命名项目"，通过这种方式，AutoCAD 将引用文件的命名项目与当前图形的命名项目区别开来。

用户可以把外部引用文件转化为当前图形的内容，这样 Xref 就变为图样中的一个图块，另外，也能把引用图形的命名项目（如图层、文字样式等）转变为当前图形的一部分。通过这种方法，用户可以轻易地使所有图纸的图层、文字样式等命名项目保持一致。

在【外部参照】对话框（见图 8-34）中选择要转化的图形文件，然后单击鼠标右键，弹出快捷菜单，选取【绑定】命令，打开【绑定外部参照】对话框，如图 8-36 所示。

图 8-36 【绑定外部参照】对话框

【绑定外部参照】对话框中有两个选项，它们的功能如下。

- 【绑定】：选取该单选项时，引用图形的所有命名项目的名称由"Xref 名称|命名项目"变为"Xref 名称\$N\$命名项目"。其中，字母 N 是可自动增加的整数，以避免与当前图样中的项目名称重复。

- 【插入】：使用该选项类似于先拆离引用文件，然后再以块的形式插入外部文件。当合并外部图形后，命名项目的名称前不加任何前缀。例如，外部引用文件中有图层 WALL，当利用插入选项转化外部图形时，若当前图形中无 WALL 层，那么 AutoCAD 就创建 WALL 层，否则继续使用原来的 WALL 层。

在命令行上输入 XBIND 命令，AutoCAD 打开【外部参照绑定】对话框，如图 8-37 所示。在对话框左边的列表框中选择要添加到当前图形中的项目，然后单击 添加(A) → 按钮，把命名项加入到【绑定定义】列表框中，再单击 确定 按钮完成。

图 8-37 【外部参照绑定】对话框

用户可以通过 Xref 连接一系列的库文件，如果想要使用库文件中的内容，就用 XBIND 命令将库文件中的有关项目（如尺寸样式、图块等）转化成当前图样的一部分。

8.4 使用 AutoCAD 设计中心

设计中心为用户提供了一种直观、高效且与 Windows 资源管理器相似的操作界面，用户通过它可以很容易地查找和组织本地或网络上存储的图形文件，同时还能方便地利用其他图形文件中的块、文本样式和尺寸样式等内容。此外，如果用户打开多个文件，还能通过设计中心进行有效地管理。

对于 AutoCAD 设计中心，其主要功能可以具体地概括成以下几点。

（1）从本地磁盘或网络上浏览图形文件内容，并可通过设计中心打开文件。

（2）设计中心可以将某一图形文件中包含的块、图层、文本样式和尺寸样式等信息展示出来，并提供预览的功能。

（3）利用拖放操作可以将一个图形文件或块、图层和文字样式等插入另一图形中使用。

（4）可以快速查找存储在其他位置的图样、图块、文字样式、标注样式和图层等信息。搜索完成后，可将结果加载到设计中心或直接拖入当前图形中使用。

下面提供几个练习让读者了解设计中心的使用方法。

8.4.1 浏览及打开图形

【练习8-14】 利用设计中心查看图形及打开图形。

（1）单击【视图】选项卡中【选项板】面板上的 按钮，打开【设计中心】对话框，如图 8-38 所示，该对话框包含 3 个选项卡。

- 【文件夹】：显示本地计算机及网上邻居的信息资源，与 Windows 资源管理器类似。

- 【打开的图形】：列出当前 AutoCAD 中所有打开的图形文件。单击文件名前的图标"⊞"，设计中心即列出该图形所包含的命名项目，如图层、文字样式和图块等。

练习8-14 使用设计中心

- 【历史记录】：显示最近访问过的图形文件，包括文件的完整路径。

（2）查找"AutoCAD 2014-Simplified Chinese"子目录，选中子目录中的"Sample"文件夹并将其展开，再选中目录中的"Database Connectivity"文件夹并将其展开，单击对话框顶部的 ▦▾ 按钮，选择【大图标】，结果设计中心在右边的窗口中显示文件夹中图形文件的小型图片，如图 8-38 所示。

（3）选中"db_samp.dwg"图形文件的小型图标，【文件夹】选项卡下部则显示出相应的预览图片及文件路径，如图 8-38 所示。

（4）单击鼠标右键，弹出快捷菜单，如图 8-39 所示，选取【在应用程序窗口中打开】命令，就可打开此文件。

图 8-38　预览文件内容

图 8-39　快捷菜单

快捷菜单中其他常用命令的功能介绍如下。

- 【浏览】：列出文件中块、图层和文本样式等命名项目。
- 【添加到收藏夹】：在收藏夹中创建图形文件的快捷方式，当用户单击设计中心的 🖼 按钮时，能快速找到这个文件的快捷图标。
- 【附着为外部参照】：以附加或覆盖方式引用外部图形。
- 【插入为块】：将图形文件以块的形式插入当前图样中。
- 【创建工具选项板】：创建以文件名命名的工具选项板，该选项板包含图形文件中的所有图块。

8.4.2　将图形文件的块、图层等对象插入当前图形中

【练习 8-15】　利用设计中心插入图块、图层等对象。

（1）打开设计中心，查找"AutoCAD 2014-Simplified Chinese"子目录，选中子目录中的"Sample"文件夹并将其展开，再选中目录中的"Database Connectivity"文件夹并展开它。

（2）选中"db_samp.dwg"文件，则设计中心在右边的窗口中列出图层、图块和文字样式等项目，如图 8-40 所示。

练习8-15 将图形文件
插入当前图形

图 8-40 显示图层、图块等项目

（3）若要显示图形中块的详细信息，就选中【块】，然后单击鼠标右键，选择【浏览】命令，则设计中心列出图形中的所有图块，如图 8-41 所示。

图 8-41 列出图块信息

（4）选中某一图块，单击鼠标右键，弹出快捷菜单，选取【插入块】命令，就可将此图块插入当前图形中。

（5）用上述类似的方法可将图层、标注样式和文字样式等项目插入当前图形中。

8.5 工具选项板窗口

工具选项板窗口包含一系列工具选项板,这些选项板以选项卡的形式布置在选项板窗口中,如图 8-42 所示。选项板中包含图块、填充图案等对象,这些对象常被称为工具。用户可以从工具板中直接将某个工具插入当前图形中（或单击工具以启动它）,也可以将新建图块、填充图案等放入工具选项板中,还能把整个工具选项板输出,或者创建新的工具选项板。总之,工具选项板提供了组织、共享图块及填充图案的有效方法。

图 8-42　【工具选项板】窗口

8.5.1　利用工具选项板插入图块及图案

命令启动方法如下。

- 菜单命令：【工具】/【选项板】/【工具选项板】。
- 面板：【视图】选项卡中【选项板】面板上的▦按钮。
- 命令：TOOLPALETTES 或简写 TP。

启动 TOOLPALETTES 命令，打开【工具选项板】窗口，该窗口中包含【注释】、【建筑】、【机械】、【电力】、【土木工程】、【图案填充】及【命令工具样例】等选项板。当需要向图形中添加块或填充图案时，可单击工具以启动它或者将其从工具选项板中直接插入当前图形中。

【练习 8-16】　从工具选项板中插入块。

（1）打开素材文件"dwg\第 8 章\8-16.dwg"。

（2）单击【视图】选项卡中【选项板】面板上的▦按钮，打开【工具选项板】窗口，再单击【建筑】标签，显示【建筑】工具板，如图 8-43（b）所示。

（3）单击工具板中的【门-公制】工具，再指定插入点，将门插入图形中，结果如图 8-43（a）所示。

（4）用 ROTATE 命令调整门的方向，再用关键点编辑方式改变门的大小及开启角度，结果如图 8-44 所示。

> 练习8-16　插入图块及
> 图案

（a）　　　　　　（b）

图 8-43　插入"门"

图 8-44　调整门的方向、大小和开启角度

对于工具选项板上的块工具，源图形文件必须始终可用。如果源图形文件移至其他文件夹，则必须对块工具的源文件特性进行修改。修改方法：用鼠标右键单击块工具，然后选择【特性】命令，打开【工具特性】对话框，在该对话框中指定新的源文件位置。

8.5.2 修改工具选项板

修改工具选项板一般包含以下几方面内容。

（1）向工具选项板中添加新工具。从绘图窗口将直线、圆、尺寸标注、文字及填充图案等对象插入工具选项板中，创建相应的新工具。用户可使用该工具快速生成与原始对象特性相同的新对象。生成新工具的另一种方法是先利用设计中心显示某一图形中的块及填充图案，然后将其从设计中心插入工具选项板中。

（2）将常用命令添加到工具选项板中。在【工具选项板】的空白处单击鼠标右键，弹出快捷菜单，选取【自定义】命令，打开【自定义】对话框。此时，按住鼠标左键将工具栏上的命令按钮拖至工具选项板上，在工具选项板上就创建了相应的命令工具。

（3）将一选项板中的工具移动或复制到另一选项板中。在工具选项板中选中一个工具，单击鼠标右键，弹出快捷菜单，利用【复制】或【剪切】命令复制该工具，然后切换到另一工具选项板，单击鼠标右键，弹出快捷菜单，选取【粘贴】命令，添加该工具。

（4）修改工具选项板中某一工具的插入特性及图案特性，例如，可以事先设定块插入时的缩放比例或填充图案的角度和比例。在要修改的工具上单击鼠标右键，弹出快捷菜单，选取【特性】命令，打开【工具特性】对话框。该对话框列出了工具的插入特性及基本特性，用户可选择某一特性进行修改。

（5）从工具选项板中删除工具。用鼠标右键单击工具选项板中的一个工具，弹出快捷菜单，选取【删除】命令，即删除此工具。

【练习8-17】 创建工具选项板。

练习8-17 修改工具选项板

（1）打开素材文件 "dwg\第8章\8-17.dwg"。

（2）单击【视图】选项卡中【选项板】面板上的 按钮，打开【工具选项板】窗口。在该窗口的空白区域单击鼠标右键，选取快捷菜单上的【新建选项板】命令，然后在亮显的文本框中输入新工具选项板的名称"新工具"。

（3）在绘图区域中选中填充图案，按住鼠标左键，把该图案拖放到【新工具】选项板上，用同样的方法将绘图区中的圆也拖到【新工具】选项板上。此时，选项板上出现了两个新工具，其中的【圆】工具是一个嵌套的工具集，如图8-45所示。

（4）在新工具选项板的【ANSI31】工具上单击鼠标右键，然后在快捷菜单上选择【特性】命令，打开【工具特性】对话框，在该对话框的【图层】下拉列表中选取【剖面层】选项，如图8-46所示。今后，当用"ANSI31"工具创建填充图案时，图案将位于剖面层上。

（5）在【新工具】选项板的空白区域中单击鼠标右键，弹出快捷菜单，选取【自定义命令】命令，打开【自定义用户界面】对话框，然后将鼠标光标移到 按钮的上边，按住鼠标左键，将该按钮拖到【新工具】选项板上，则工具选项板上就出现阵列工具，如图8-47所示。

图 8-45 创建新工具

图 8-46 【工具特性】对话框

图 8-47 创建阵列工具

8.5.3 创建建筑图例工具选项板

在建筑工程图中，经常使用图例表示建筑构件，如绿化图例、门窗图例及室内用具图例等，将这些图例创建成图块，并放入工具选项板中，就可以在需要的时候快速查找及插入图例。

创建新工具选项板的方法如下。

（1）使鼠标光标位于【工具选项板】窗口，单击鼠标右键，弹出快捷菜单，选取【新建选项板】命令。

（2）从绘图窗口将直线、圆、尺寸标注、文字和填充图案等对象拖入【工具选项板】中，以创建新工具。

（3）在【工具选项板】的空白处单击鼠标右键，弹出快捷菜单，选取【自定义命令】命令，打开【自定义用户界面】对话框，此时，按住鼠标左键将对话框的命令按钮拖至【工具选项板】上，在【工具选项板】上就创建了相应的命令工具。

单击【视图】选项卡中【选项板】面板上的 按钮，打开【设计中心】，找到所需的图块，将其拖入到新工具板中。

【练习 8-18】 创建建筑图例工具选项板。

（1）打开素材文件 "dwg\第 8 章\8-18.dwg"。

（2）单击【视图】选项卡中【选项板】面板上的 按钮，打开【工具选项板】窗口，在窗口的空白区域中单击鼠标右键，选择快捷菜单上的【新建选项板】命令，然后在亮显的文本框中输入新工具选项板的名称 "建筑图例"。

练习8-18 建筑图例工具选项板

（3）在绘图区域中选中门的图块，按住鼠标左键，把该图块拖放到【建筑图例】选项板上，结果如图 8-48 所示。

（4）打开【设计中心】对话框，在该对话框【文件夹】选项卡中找到素材文件 "第 8 章\Home-Space Planner.dwg"，显示该文件所包含的图块，结果如图 8-49 所示。

（5）选中其中一个图块（例如床块），然后按住鼠标左键将其拖入【建筑图例】选项板中，则此图块将成为选项板中的一个新工具，如图 8-50 所示。

（6）在【设计中心】的【文件夹】选项卡中找到文件 "第 8 章\House Designer.dwg"，选中该文件，单击鼠标右键，选择【创建工具选项板】命令，生成名为 "House Designer" 的新选项板，如图 8-51 所示。新选项板中包含了"House Designer.dwg"中的所有图块工具。

图 8-48　给选项板中添加"工具"

图 8-49　显示文件中包含的图块

图 8-50　通过【设计中心】添加一个新工具

图 8-51　通过图形文件创建选项板

习　题

1. 打开素材文件"dwg\第 8 章\8-19.dwg"，如图 8-52 所示，试计算该图形的面积和周长。
2. 创建标高符号块并添加属性，如图 8-53 所示。

图 8-52　计算图形的面积和周长

图 8-53　创建块并添加属性

3. 创建新图形文件，在新图形中引用素材文件"dwg\第 8 章\8-20.dwg"，然后利用设计中心插入"8-21.dwg"中的图块，块名为"双人床""电视"及"电脑桌"，结果如图 8-54 所示。

图 8-54　引用图形及插入图块

第9章

轴测图

【学习目标】
- 掌握激活轴测投影模式的方法。
- 学会在轴测模式下绘制线段、圆及平行线。
- 掌握在轴测图中添加文字的方法。
- 学会如何给轴测图标注尺寸。

通过本章的学习，读者可以掌握绘制轴测图的轴测模式及一些基本的作图方法。

9.1 课堂实训——绘制轴测图

实训的任务是绘制图 9-1 所示立体的轴测图。绘图步骤是先画出整体的外形轮廓，再绘制圆角及孔等细节。

【练习 9-1】 绘制图 9-1 所示的组合体轴测图。

练习9-1　绘制组合体
轴测图

图 9-1　绘制组合体轴测投影

（1）创建新图形文件。激活轴测投影模式，再打开极轴追踪、对象捕捉及自动追踪功能。指定极轴追踪角度增量为30°，设定对象捕捉方式为"端点""圆心""交点"，设置沿所有极轴角进行自动追踪。

（2）切换到右轴测面，然后用 LINE 命令绘制线框 A，如图9-2所示。

（3）沿150°方向复制线框 A，然后连线 B、C、D 等，如图9-3（a）所示。修剪及删除多余线条，结果如图9-3（b）所示。

图9-2　绘制线框 A

（a）　　　　　　　　　　　（b）

图9-3　复制对象及连线

（4）绘制椭圆弧，如图9-4所示。

```
命令: _ellipse
指定椭圆轴的端点或[圆弧（A）/中心点（C）/等轴测圆（I）]: I
                                        //使用"等轴测圆（I）"选项
指定等轴测圆的圆心: tt                   //建立临时追踪参考点
指定临时对象追踪点: 20                   //从点 E 向下追踪并输入追踪距离
指定等轴测圆的圆心: 20                   //从点 F 沿-150°方向追踪并输入追踪距离
指定等轴测圆的半径或[直径（D）]: 20      //输入圆半径
命令: _copy                             //复制对象
选择对象: 找到1个                        //选择椭圆 G
选择对象:                               //按 Enter 键
指定基点或[位移（D）]<位移>:            //单击一点
指定第二个点或<使用第一个点作为位移>: 42

                                        //沿-150°方向追踪并输入追踪距离
指定第二个点或[退出（E）/放弃（U）]<退出>: //按 Enter 键结束
```

结果如图9-4（a）所示。修剪及删除多余线条，结果如图9-4（b）所示。

（a）　　　　　　　　　　（b）

图9-4　绘制椭圆弧

绘制圆的轴测投影时，首先要利用 F5 键切换到合适的轴测面使之与圆所在的平面对应起来，这样才能使椭圆看起来是在轴测面内，否则，所画椭圆的形状是不正确的。

（5）切换到顶轴测面，绘制椭圆，如图 9-5 所示。

（6）复制椭圆，再绘制切线 K，结果如图 9-6（a）所示。修剪及删除多余线条，结果如图 9-6（b）所示。

图 9-5　绘制椭圆

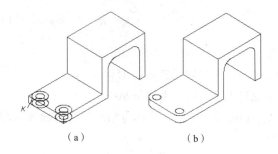

（a）　　　　　（b）

图 9-6　复制椭圆及画切线 K

（7）绘制定位线、椭圆及线段，结果如图 9-7 所示。

（8）复制椭圆及定位线，然后绘制线段 L、M、N 等，结果如图 9-8（a）所示。修剪及删除多余线条，再调整定位线的长度，结果如图 9-8（b）所示。

图 9-7　绘制定位线、椭圆等

（a）　　　　　（b）

图 9-8　复制对象及绘制线段

9.2 轴测面和轴测轴

长方体的等轴测投影如图 9-9 所示，其投影中只有 3 个平面是可见的。为便于绘图，将这 3 个面作为画线、找点等操作的基准平面，并称它们为轴测面，根据其位置的不同分别是左轴测面、右轴测面和顶轴测面。当激活了轴测模式后，用户就可以在这 3 个面间进行切换，同时系统会自动改变十字光标及栅格的形状，以使它们看起来好像处于当前轴测面内，图 9-9 所示为切换至顶轴测面时鼠标光标与栅格的外观。

在图 9-9 所示的轴测图中，长方体的可见边与水平线间的夹角分别是 30°、90° 和 150°。

现在, 在轴测图中建立一个假想的坐标系, 该坐标系的坐标轴称为轴测轴, 它们所处的位置如下。

图 9-9　轴测面和轴测轴

- x 轴与水平位置的夹角是 30°。
- y 轴与水平位置的夹角是 150°。
- z 轴与水平位置的夹角是 90°。

进入轴测模式后, 十字光标将始终与当前轴测面的轴测轴方向一致。

9.3 激活轴测投影模式

在 AutoCAD 中, 用户可以利用轴测投影模式辅助绘图, 当激活此模式后, 十字光标及栅格都会自动调整到与当前指定的轴测面一致的位置。

用户可以使用以下方法激活轴测投影模式。

【**练习9-2**】　激活轴测投影模式。

（1）选择菜单命令【工具】/【绘图设置】, 打开【草图设置】对话框, 进入【捕捉和栅格】选项卡, 如图 9-10 所示。

练习9-2　激活轴测投影模式

图 9-10　【草图设置】对话框

（2）在【捕捉类型】分组框中选取【等轴测捕捉】单选项, 激活轴测投影模式。

（3）单击 确定 按钮, 退出对话框, 十字光标将处于左轴测面内, 如图 9-11（a）所示。

（4）按 F5 键可切换至顶轴测面（见图 9-11（b）），再按 F5 键可切换至右轴测面（见图 9-11（c））。

（a）　　　　　　　　（b）　　　　　　　　（c）

图 9-11　切换不同的轴测面

9.4

在轴测投影模式下作图

进入轴测模式后，用户仍然是利用基本的二维绘图命令来创建直线、椭圆等图形对象，但要注意这些图形对象轴测投影的特点，如水平直线的轴测投影将变为斜线，而圆的轴测投影将变为椭圆。

9.4.1　在轴测模式下画直线

在轴测模式下画直线常采用以下 3 种方法。

（1）通过输入点的极坐标来绘制直线。当所绘直线与不同的轴测轴平行时，输入的极坐标角度值将不同，有以下几种情况。

- 所画直线与 x 轴平行时，极坐标角度应输入 30° 或 –150°。
- 所画直线与 y 轴平行时，极坐标角度应输入 150° 或 –30°。
- 所画直线与 z 轴平行时，极坐标角度应输入 90° 或 –90°。
- 如果所画直线与任何轴测轴都不平行，则必须先找出直线上的两点，然后连线。

（2）打开正交模式辅助画线，此时所绘直线将自动与当前轴测面内的某一轴测轴方向一致。例如，若处于右轴测面且打开正交模式，那么所画直线的方向为 30° 或 90°。

（3）利用极轴追踪、自动追踪功能画线。打开极轴追踪、自动捕捉和自动追踪功能，并设定自动追踪的角度增量为"30"，这样就能很方便地画出 30°、90° 或 150° 方向的直线。

练习9-3　轴测模式下画线

【练习 9-3】　在轴测模式下画线。

（1）用鼠标右键单击 ⊞ 按钮，选取【设置】命令，打开【草图设置】对话框，进入【捕捉和栅格】选项卡，在【捕捉类型】分组框中选取【等轴测捕捉】单选项，激活轴测投影模式。

（2）输入点的极坐标画线。

命令：<等轴测平面 右视>	//按两次 F5 键切换到右轴测面
命令：_line 指定第一点：	//单击点 A，如图 9-12 所示
指定下一点或[放弃（U）]：@100<30	//输入点 B 的相对坐标
指定下一点或[放弃（U）]：@150<90	//输入点 C 的相对坐标

指定下一点或[闭合（C）/放弃（U）]：@40<-150	//输入点 D 的相对坐标
指定下一点或[闭合（C）/放弃（U）]：@95<-90	//输入点 E 的相对坐标
指定下一点或[闭合（C）/放弃（U）]：@60<-150	//输入点 F 的相对坐标
指定下一点或[闭合（C）/放弃（U）]：c	//使线框闭合

结果如图 9-12 所示。

（3）打开正交状态画线。

命令：<等轴测平面 左视>	//按 F5 键切换到左轴测面
命令：<正交 开>	//打开正交
命令：_line 指定第一点：int 于	//捕捉点 A，如图 9-13 所示
指定下一点或[放弃（U）]：100	//输入线段 AG 的长度
指定下一点或[放弃（U）]：150	//输入线段 GH 的长度
指定下一点或[闭合（C）/放弃（U）]：40	//输入线段 HI 的长度
指定下一点或[闭合（C）/放弃（U）]：95	//输入线段 IJ 的长度
指定下一点或[闭合（C）/放弃（U）]：end 于	//捕捉点 F
指定下一点或[闭合（C）/放弃（U）]：	//按 Enter 键结束命令

结果如图 9-13 所示。

（4）打开极轴追踪、对象捕捉及自动追踪功能。设置极轴追踪角度增量为"30"，设定对象捕捉方式为"端点""交点"，设置沿所有极轴角进行自动追踪。

命令：<等轴测平面 俯视>	//按 F5 键切换到顶轴测面
命令：<等轴测平面 右视>	//按 F5 键切换到右轴测面
命令：_line 指定第一点：20	//从点 A 沿 30°方向追踪并输入追踪距离
指定下一点或[放弃（U）]：30	//从点 K 沿 90°方向追踪并输入追踪距离
指定下一点或[放弃（U）]：50	//从点 L 沿 30°方向追踪并输入追踪距离
指定下一点或[闭合（C）/放弃（U）]：	//从点 M 沿-90°方向追踪并捕捉交点 N
指定下一点或[闭合（C）/放弃（U）]：	//按 Enter 键结束命令

结果如图 9-14 所示。

图 9-12　在右轴测面内画线（1）

图 9-13　在左轴测面内画线

图 9-14　在右轴测面内画线（2）

9.4.2　在轴测面内画平行线

通常情况下用 OFFSET 命令绘制平行线，但在轴测面内画平行线与在标准模式下画平行线的方法有所不同。如图 9-15 所示，在顶轴测面内做线段 A 的平行线 B，要求它们之间沿 30°方向的间距是 30，如果使用 OFFSET 命令，并直接输入偏移距离 30，则偏移后两线间的垂直距离等于 30，而沿 30°方向的间距并不是 30。为避免上述情况发生，常使用 COPY 命令或者 OFFSET 命令的"通过（T）"选项来绘制平行线。

　　COPY 命令可以在二维和三维空间中对对象进行复制。使用此命令时，系统提示输入两个点或一个位移值。如果指定两点，则从第一点到第二点间的距离和方向就表示了新对象相对于原对象的位移。如果在"指定基点或[位移（D）]："提示下直接输入一个坐标值（直角坐标或极坐标），然后在第二个"指定第二个点"的提示下按 Enter 键，那么输入的值就会被认为是新对象相对于原对象的移动值。

【练习 9-4】 在轴测面内做平行线。

（1）打开素材文件"dwg\第 9 章\9-4.dwg"。

（2）打开极轴追踪、对象捕捉及自动追踪功能。设置极轴追踪角度增量为 30°，设定对象捕捉方式为"端点""交点"，设置沿所有极轴角进行自动追踪。

练习9-4 轴测面内做平行线

（3）用 COPY 命令生成平行线。

命令: _copy	
选择对象：找到 1 个	//选择线段 A，如图 9-16 所示
选择对象：	//按 Enter 键
指定基点或[位移（D）/模式（O）] <位移>：	//单击一点
指定第二个点或[阵列（A）]<使用第一个点作为位移>：26	
	//沿-150°方向追踪并输入追踪距离
指定第二个点或[阵列（A）/退出（E）/放弃（U）] <退出>:52	
	//沿-150°方向追踪并输入追踪距离
指定第二个点或[阵列（A）/退出（E）/放弃（U）] <退出>：	//按 Enter 键结束命令
命令：COPY	//重复命令
选择对象：找到 1 个	//选择线段 B
选择对象：	//按 Enter 键
指定基点或[位移（D）/模式（O）] <位移>： 15<90	//输入复制的距离和方向
指定第二个点或[阵列（A）] <使用第一个点作为位移>：	//按 Enter 键结束命令

结果如图 9-16 所示。

（a）使用OFFSET命令　　　　　（b）使用COPY命令

图 9-15　画平行线

图 9-16　画平行线

9.4.3　在轴测面内移动及复制对象

　　沿轴测轴移动及复制对象时，图形元素移动的方向平行于 30°、90°或 150°方向线，因此，设定极轴追踪增量角为 30°，并设置沿所有极轴角自动追踪，就能很方便地沿轴测轴进行移动和复制操作。

【**练习 9-5**】 在轴测面内移动及复制对象。打开素材文件 "dwg\第 9 章\9-5.dwg"，如图 9-17（a）所示，用 COPY、MOVE 及 TRIM 命令将其修改为图 9-17（b）所示的图形。

图 9-17 在轴测面内移动及复制对象

（1）激活轴测投影模式，再打开极轴追踪、对象捕捉及自动追踪功能。指定极轴追踪角度增量为 30°，设定对象捕捉方式为 "端点" "交点"，设置沿所有极轴角进行自动追踪。

（2）沿 30°方向复制线框 A、B，再绘制线段 C、D、E、F 等，如图 9-18 所示。

```
命令: _copy
选择对象: 找到 10 个                                    //选择线框 A、B
选择对象:                                              //按 Enter 键
指定基点或或[位移（D）/模式（O）] <位移>:              //单击一点
指定第二个点或[阵列（A）] <使用第一个点作为位移>: 20
                                                      //沿 30°方向追踪并输入追踪距离
指定第二个点或[阵列（A）/退出（E）/放弃（U）] <退出>: 250
                                                      //沿 30°方向追踪并输入追踪距离
指定第二个点或[阵列（A）/退出（E）/放弃（U）] <退出>: 230
                                                      //沿 30°方向追踪并输入追踪距离
指定第二个点或[阵列（A）/退出（E）/放弃（U）] <退出>: //按 Enter 键结束
```

再绘制线段 C、D、E、F 等，如图 9-18（a）所示。修剪及删除多余线条，结果如图 9-18（b）所示。

（3）沿 30°方向移动椭圆弧 G 及线段 H，沿-30°方向移动椭圆弧 J 及线段 K，然后修剪多余线条，结果如图 9-19 所示。

图 9-18 复制对象及绘制线段   图 9-19 移动对象及修剪对象

（4）将线框 L 沿 -90° 方向复制，如图 9-20（a）所示。修剪及删除多余线条，结果如图 9-20（b）所示。

（5）将图形 M（见图 9-20（b））沿 150° 方向移动，再调整中心线的长度，结果如图 9-21 所示。

<table>
<tr><td>（a）</td><td>（b）</td></tr>
</table>

图 9-20　复制对象及修剪对象　　　　图 9-21　移动对象等

9.4.4　轴测模式下绘制角的方法

在轴测面内绘制角时，不能按角度的实际值进行绘制，因为在轴测投影图中，投影角度值与实际角度值是不相符合的。在这种情况下，应先确定角边上点的轴测投影，并将点连线，以获得实际的角轴测投影。

【练习9-6】　绘制角的轴测投影。

（1）打开素材文件"dwg\第 9 章\9-6.dwg"。

（2）打开极轴追踪、对象捕捉及自动追踪功能。设置极轴追踪角度增量为 30°，设定对象捕捉方式为"端点""交点"，设置沿所有极轴角进行自动追踪。

（3）绘制线段 B、C、D 等，如图 9-22（a）所示。

命令：_line 指定第一点：50	//从点 A 沿 30° 方向追踪并输入追踪距离
指定下一点或[放弃（U）]：80	//从点 A 沿 -90° 方向追踪并输入追踪距离
指定下一点或[放弃（U）]：	//按 Enter 键结束命令

复制线段 B，再连线 C、D，然后修剪多余的线条，结果如图 9-22（b）所示。

练习9-6　绘制角的轴测投影

图 9-22　形成角的轴测投影

9.4.5　绘制圆的轴测投影

圆的轴测投影是椭圆，当圆位于不同轴测面内时，椭圆的长轴、短轴位置也将不同。手工绘制圆的轴测投影比较麻烦，在 AutoCAD 中可直接使用 ELLIPSE 命令的"等轴测圆（I）"选项进行绘制，该选项仅在轴测模式被激活的情况下才出现。

键入 ELLIPSE 命令，AutoCAD 提示如下。

```
命令: _ellipse
指定椭圆轴的端点或[圆弧（A）/中心点（C）/等轴测圆（I）]: I          //输入"I"
指定等轴测圆的圆心:                                                 //指定圆心
指定等轴测圆的半径或[直径（D）]:                                    //输入圆半径
```

选取"等轴测圆（I）"选项，再根据提示指定椭圆中心并输入圆的半径值，则 AutoCAD 会自动在当前轴测面中绘制出相应圆的轴测投影。

绘制圆的轴测投影时，首先要利用 F5 键切换到合适的轴测面，使之与圆所在的平面对应起来，这样才能使椭圆看起来是在轴测面内，如图 9-23（a）所示，否则，所画椭圆的形状是不正确的，如图 9-23（b）所示，圆的实际位置在正方体的顶面，而所绘轴测投影却位于右轴测面内，结果轴测圆与正方体的投影就显得不匹配了。

绘制轴测图时经常要画线与线间的圆滑过渡，此时过渡圆弧变为椭圆弧。绘制这个椭圆弧的方法是在相应的位置画一个完整的椭圆，然后使用 TRIM 命令修剪多余的线条，如图 9-24 所示。

（a）　　　　（b）　　　　　　　　　　　　　　　（a）　　　　　　　（b）

图 9-23　绘制轴测圆　　　　　　　　图 9-24　绘制过渡的椭圆弧

【练习9-7】　在轴测图中绘制圆及过渡圆弧。

（1）打开素材文件"dwg\第 9 章\9-7.dwg"。

（2）用鼠标右键单击 按钮，选取【设置】命令，打开【草图设置】对话框，进入【捕捉和栅格】选项卡，在【捕捉类型】分组框中选取【等轴测捕捉】单选项，激活轴测投影模式。

练习9-7　轴测图中绘制圆及过渡圆弧

（3）打开极轴追踪、对象捕捉及自动追踪功能。设置极轴追踪角度增量为 30°，设定对象捕捉方式为"端点""交点"，设置沿所有极轴角进行自动追踪。

（4）切换到顶轴测面，启动 ELLIPSE 命令，AutoCAD 提示如下。

```
命令: _ellipse
指定椭圆轴的端点或[圆弧（A）/中心点（C）/等轴测圆（I）]: I   //使用"等轴测圆（I）"选项
指定等轴测圆的圆心: tt                               //建立临时参考点
指定临时对象追踪点: 20
                    //从点 A 沿30°方向追踪并输入点 B 到点 A 的距离，如图 9-25（a）所示
指定等轴测圆的圆心: 20           //从点 B 沿150°方向追踪并输入追踪距离
指定等轴测圆的半径或[直径（D）]: 20              //输入圆半径
命令:ELLIPSE                                    //重复命令
指定椭圆轴的端点或[圆弧（A）/中心点（C）/等轴测圆（I）]: i   //使用"等轴测圆（I）"选项
指定等轴测圆的圆心: tt                           //建立临时参考点
```

指定临时对象追踪点：50	//从点 A 沿30°方向追踪并输入点 C 到点 A 的距离
指定等轴测圆的圆心：60	//从点 C 沿150°方向追踪并输入追踪距离
指定等轴测圆的半径或[直径（D）]：15	//输入圆半径

结果如图 9-25（a）所示。修剪多余的线条，结果如图 9-25（b）所示。

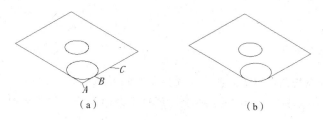

（a）　　　　　　　　　（b）

图 9-25　在轴测图中绘制圆及过渡圆弧

9.5　上机练习——画组合体轴测投影

【练习9-8】　根据平面视图绘制正等轴测图，如图 9-26 所示。

（1）设定绘图区域的大小为 10000×10000，双击鼠标滚轮使绘图区域充满绘图窗口显示出来。

（2）激活轴测投影模式，打开极轴追踪、对象捕捉及自动追踪功能。设置极轴追踪角度增量为 30°，设定对象捕捉方式为"端点""中点""交点"，设置沿所有极轴角进行自动追踪。

练习9-8　绘制组合体轴测投影

图 9-26　绘制组合体轴测图

（3）按 F5 键切换到顶轴测面，用 LINE 命令绘制线框 A，如图 9-27 所示。

（4）将线框 A 复制到线框 B 处，再连线 C、D、E，如图 9-28（a）所示。删除多余的线条，结果如图 9-28（b）所示。

图 9-27　绘制线框 *A*　　　　　　　　　　图 9-28　复制对象并连线

（5）用 LINE 命令绘制线框 *F*，再将此线框复制到 *G* 处，结果如图 9-29 所示。

（6）连线 *H*、*I* 等，如图 9-30（a）所示。删除多余的线条，结果如图 9-30（b）所示。

图 9-29　绘制线框 *F* 并将其复制　　　　　图 9-30　连线并删除多余的线条

（7）用与步骤（5）、（6）相同的方法绘制对象 *J*，结果如图 9-31 所示。

（8）用与步骤（5）、（6）相同的方法绘制对象 *K*，结果如图 9-32 所示。

（9）按 F5 键切换到右轴测面，用 ELLIPSE、COPY 及 LINE 命令生成对象 *L*，如图 9-33（a）所示。删除多余的线条，结果如图 9-33（b）所示。

图 9-31　绘制对象 *J*　　　　　　　　　　图 9-32　绘制对象 *K*

图 9-33　生成对象 *L*

9.6 在轴测图中书写文本

　　为了使某个轴测面中的文本看起来像是在该轴测面内，就必须根据各轴测面的位置特点将文字倾斜某一角度，以使它们的外观与轴测图协调起来，否则立体感不好。图 9-34 所示为在轴测图的 3 个轴测面上采用适当倾斜角书写文本后的结果。

　　轴测面上各文本的倾斜规律如下。

- 在左轴测面上，文本需采用–30°的倾斜角。
- 在右轴测面上，文本需采用30°的倾斜角。
- 在顶轴测面上，当文本平行于 x 轴时，采用–30°的倾斜角。
- 在顶轴测面上，当文本平行于 y 轴时，需采用30°的倾斜角。

图 9-34　轴测面上的文本

　　由以上规律可以看出，各轴测面内的文本或是倾斜30°，或是倾斜–30°，因此在轴测图中书写文字时，应事先建立倾斜角分别为 30° 和–30° 的两种文本样式，只要利用合适的文本样式控制文本的倾斜角度，就能够保证文字外观看起来是正确的。

　　【练习9-9】　创建倾斜角分别为30°和–30°的两种文字样式，然后在各轴测面内书写文字。

　　（1）打开素材文件"dwg\第 9 章\9-9.dwg"。

　　（2）选取菜单命令【格式】/【文字样式】，打开【文字样式】对话框，如图 9-35 所示。

练习9-9　轴测图中书写文本

图 9-35　【文字样式】对话框

　　（3）单击 新建(N)... 按钮，建立名为"样式-1"的文本样式。在【字体名】下拉列表中将文本样式所连接的字体设定为"楷体"，在【效果】分组框的【倾斜角度】文本框中输入数值"30"，如图 9-35 所示。

　　（4）用同样的方法建立倾斜角为–30°的文字样式"样式-2"，接下来在轴测面上书写文字。

　　激活轴测模式，并切换至右轴测面。

命令：dt	//利用 TEXT 命令书写单行文本
指定文字的起点或[对正（J）/样式（S）]：s	//使用"S"选项指定文字的样式
输入样式名或[?] <样式-2>：样式-1	//选择文字样式"样式-1"
指定文字的起点或[对正（J）/样式（S）]：	//选取适当的起始点 A，如图 9-36 所示
指定高度 <22.6472>：16	//输入文本的高度
指定文字的旋转角度 <0>：30	//指定单行文本的书写方向
输入文字：使用 STYLE1	//输入单行文字
输入文字：	//按 Enter 键结束命令

按 F5 键切换至左轴测面。

命令：dt	//重复前面的命令
指定文字的起点或[对正（J）/样式（S）]：s	//使用"S"选项指定文字的样式
输入样式名或[?] <样式-1>：样式-2	//选择文字样式"样式-2"
指定文字的起点或[对正（J）/样式（S）]：	//选取适当的起始点 B
指定高度 <22.6472>：16	//输入文本的高度
指定文字的旋转角度 <0>：-30	//指定单行文本的书写方向
输入文字：使用 STYLE2	//输入单行文字
输入文字：	//按 Enter 键结束命令

按 F5 键切换至顶轴测面。

命令：dt	//沿 x 轴方向（30°）书写单行文本
TEXT	
指定文字的起点或[对正（J）/样式（S）]：s	//使用"S"选项指定文字的样式
输入样式名或[?] <样式-2>：	//按 Enter 键采用"样式-2"
指定文字的起点或[对正（J）/样式（S）]：	//选取适当的起始点 D
指定高度 <16>：16	//输入文本的高度
指定文字的旋转角度 <330>：30	//指定单行文本的书写方向
输入文字：使用 STYLE2	//输入单行文字
输入文字：	//按 Enter 键结束命令
命令：	//重复上一次的命令
TEXT	//沿 y 轴方向（-30°）书写单行文本
指定文字的起点或[对正（J）/样式（S）]：s	//使用"S"选项指定文字的样式
输入样式名或[?] <样式-2>：样式-1	//选择文字样式"样式-1"
指定文字的起点或[对正（J）/样式（S）]：	//选取适当的起始点 C
指定高度 <16>：	//按 Enter 键指定文本高度为16
指定文字的旋转角度 <30>：-30	//指定单行文本的书写方向
输入文字：使用 STYLE1	//输入单行文字
输入文字：	//按 Enter 键结束命令

结果如图 9-36 所示。

图 9-36　书写文本

9.7 标注尺寸

当用标注命令在轴测图中创建尺寸后，其外观看起来与轴测图本身不协调。为了让某个轴测面内的尺寸标注看起来就像是在这个轴测面内，就需要将尺寸线、尺寸界线倾斜某一角度，以使它们与相应的轴测轴平行。此外，标注文本也必须设置成倾斜某一角度的形式，才能使文本的外观也具有立体感。图9-37所示为标注的初始状态与调整外观后结果的比较。

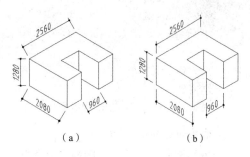

图 9-37　标注的外观

在轴测图中标注尺寸时，一般采取以下步骤。

（1）创建两种尺寸样式，这两种样式所控制的标注文本的倾斜角度分别是30°和–30°。

（2）在等轴测图中只有沿与轴测轴平行的方向进行测量才能得到真实的距离值，因此创建轴测图的尺寸标注时应使用 DIMALIGNED 命令（对齐尺寸）。

（3）标注完成后，利用 DIMEDIT 命令的"倾斜（O）"选项修改尺寸界线的倾斜角度，使尺寸界线的方向与轴测轴的方向一致，这样才能使标注的外观具有立体感。

【练习9-10】　打开素材文件"dwg\第9章\9-10.dwg"，标注此轴测图，结果如图9-38所示。

（1）建立倾斜角分别为30°和–30°的两种文本样式，样式名分别为"样式-1"和"样式-2"，这两个样式所连接的字体文件是"gbenor.shx"。

（2）创建两种尺寸样式，样式名分别为"DIM-1"和"DIM-2"，其中，"DIM-1"连接文本样式"样式-1"，而"DIM-2"连接文本样式"样式-2"。

（3）打开极轴追踪、对象捕捉及自动追踪功能。设置极轴追踪角度增量为30°，设定对象捕捉方式为"端点""交点"，设置沿所有极轴角进行自动追踪。

（4）指定尺寸样式"DIM-1"为当前样式，然后使用 DIMALIGNED 和 DIMCONTINUE 命令标注尺寸"500""2500"等，结果如图9-39所示。

练习9-10　轴测图中标注尺寸

图 9-38　标注尺寸

图 9-39　标注对齐尺寸

（5）使用【注释】选项卡中【标注】面板上的 H 按钮将尺寸界线倾斜到 30°或–30°的方向，再利用关键点编辑方式调整标注文字及尺寸线的位置，如图 9-40 所示。

```
命令：_dimedit
输入标注编辑类型[默认（H）/新建（N）/旋转（R）/倾斜（O）] <默认>:_o
                              //单击【注释】选项卡中【标注】面板上的 H 按钮
选择对象：总计 3 个            //选择尺寸 "500" "2500" "500"
选择对象：                    //按 Enter 键
输入倾斜角度 （按 ENTER 表示无）： 30    //输入尺寸界线的倾斜角度
命令：_dimedit
输入标注编辑类型[默认（H）/新建（N）/旋转（R）/倾斜（O）] <默认>:_o
                              //单击【注释】选项卡中【标注】面板上的 H 按钮
选择对象：总计 3 个            //选择尺寸 "600" "4550" 和 "1150"
选择对象：                    //按 Enter 键
输入倾斜角度 （按 ENTER 表示无）： -30    //输入尺寸界线的倾斜角度
```

结果如图 9-40 所示。

（6）指定尺寸样式 "DIM-2" 为当前样式，单击【注释】选项卡中【标注】面板上的 按钮，选择尺寸 "600" "4550" 和 "1150" 进行更新，结果如图 9-41 所示。

图 9-40　修改尺寸界线的倾角　　　　　图 9-41　更新尺寸标注

（7）用类似的方法标注其余尺寸，结果如图 9-38 所示。

 有时也使用引线在轴测图中进行标注，但外观一般不会满足要求，此时可用 EXPLODE 命令将标注分解，然后分别调整引线和文本的位置。

9.8 绘制正面斜等测投影图

前面介绍了正等轴测图的画法。在建筑图中，管网系统立体图及通风系统立体图常采用正面斜等测投影图，这种图的特点是平行于屏幕，其斜等测投影图反映实形。斜等测图的画法与正等测图类似，这两种图沿 3 个轴测轴的轴测比例都为 1，只是轴测轴方向不同，如图 9-42 所示。

系统没有提供斜等测投影模式，但用户只要在作图时激活极轴追踪、对象捕捉及自动追踪功能，并设定极轴追踪角度增量为 45°，就能很方便地绘制斜等测图。

【练习 9-11】 根据平面视图绘制斜等测图，如图 9-43 所示。

图 9-42 轴测轴

图 9-43 绘制组合体斜等测图

（1）设定绘图区域的大小为 10000×10000，双击鼠标滚轮使绘图区域充满绘图窗口显示出来。

（2）激活轴测投影模式，打开极轴追踪、对象捕捉及自动追踪功能。设置极轴追踪角度增量为 45°，设定对象捕捉方式为"端点""交点"，设置沿所有极轴角进行自动追踪。

（3）用 LINE 命令绘制线框 A，将线框 A 向上复制到 B 处，再连线 C、D 和 E，如图 9-44（a）所示。删除多余的线条，结果如图 9-44（b）所示。

（4）用 LINE 及 COPY 命令生成对象 F、G，如图 9-45（a）所示。删除多余的线条，结果如图 9-45（b）所示。

图 9-44 绘制线框 A、B 等

图 9-45 生成对象 F、G 并删除多余的线条

（5）用 LINE、MOVE 和 COPY 命令生成对象 H，如图 9-46（a）所示。删除多余的线条，结果如图 9-46（b）所示。

图 9-46 生成对象 H 并删除多余的线条

9.9 综合练习——绘制送风管道斜等测图

【练习 9-12】　绘制送风管道正面斜等测图，如图 9-47 所示。

（1）设定绘图区域的大小为 16000×16000，双击鼠标滚轮使绘图区域充满绘图窗口显示出来。

（2）激活轴测投影模式，打开极轴追踪、对象捕捉及自动追踪功能。设置极轴追踪角度增量为 45°，设定对象捕捉方式为"端点""中点"和"交点"，设置沿所有极轴角进行自动追踪。

图 9-47　绘制送风管道斜等测图

（3）用 LINE 命令绘制一个 630×400 的矩形 A，再复制矩形并连线，如图 9-48（a）所示。删除多余的线条，结果如图 9-48（b）所示。

（a）

（b）

图 9-48　绘制矩形并连线（1）

（4）绘制一个 1000×400 的矩形 B，再复制矩形并连线，如图 9-49（a）所示。删除多余的线条，结果如图 9-49（b）所示。

（5）用类似的方法绘制轴测图其余部分，请读者自己完成。作图所需的主要细节尺寸如图 9-50 所示，其他尺寸读者自定。

（a）

（b）

图 9-49　绘制矩形并连线（2）

图 9-50　主要细节尺寸

习　题

1. 根据平面视图绘制正等轴测图及斜等轴测图，如图 9-51 所示。

图 9-51　综合练习（1）

2. 根据平面视图绘制正等轴测图及斜等轴测图，如图 9-52 所示。

图 9-52　综合练习（2）

第10章

建筑施工图

【学习目标】
- 掌握绘制建筑总平面图的方法和技巧。
- 掌握绘制建筑平面图的方法和技巧。
- 掌握绘制建筑立面图的方法和技巧。
- 掌握绘制建筑剖面图的方法和技巧。
- 掌握绘制建筑详图的方法和技巧。

通过本章的学习，读者要了解用 AutoCAD 绘制建筑总平面图、建筑平面图、建筑立面图、建筑剖面图和建筑详图的一般步骤，掌握绘制建筑图的一些实用技巧。

10.1 绘制建筑总平面图

在设计和建造一幢房屋前，需要一张总平面图说明建筑物的地点、位置、朝向及周围的环境等，总平面图表示了一项工程的整体布局。

建筑总平面图是一水平投影图（俯视图），绘制时按照一定的比例在图纸上画出房屋轮廓线及其他设施水平投影的可见线，以表示建筑物和周围设施在一定范围内的总体布置情况，其图示的主要内容如下。

- 建筑物的位置和朝向。
- 室外场地、道路布置、绿化配置等的情况。
- 新建建筑物与相邻建筑物、周围环境的关系。

10.1.1 用 AutoCAD 绘制建筑总平面图的步骤

绘制建筑总平面图的主要步骤如下。

（1）将建筑物所在位置的地形图以块的形式插入当前图形中，然后用 SCALE 命令缩放地形图,使其大小与实际地形尺寸相吻合。例如,若地形图上有一代表长度为 10m 的线段,将地形图插入 AutoCAD 中后,启动 SCALE 命令,利用该命令的"参照(R)"选项将该线段由原始尺寸缩放到 10000(单位为 mm)个图形单位。

(2)绘制新建筑物周围的原有建筑、道路系统及绿化情况等。

(3)在地形图中绘制新建筑物轮廓。若已有该建筑物平面图,可将该平面图复制到总平面图中,删除不必要的线条,仅保留平面图的外形轮廓线即可。

(4)插入标准图框,并以绘图比例的倒数缩放图框。

(5)标注新建筑物的定位尺寸、室内地面标高及室外整平标高等。标注为绘图比例的倒数。

10.1.2　建筑总平面图绘制实例

【练习 10-1】　绘制图 10-1 所示的建筑总平面图。绘图比例为 1:500,采用 A3 幅面图框。

图 10-1　绘制建筑总平面图

练习10-1　绘制建筑总平面图(1)

(1)创建以下图层。

名称	颜色	线型	线宽
总图-新建	白色	Continuous	0.7
总图-原有	白色	Continuous	默认
总图-道路	蓝色	Continuous	默认
总图-绿化	绿色	Continuous	默认
总图-车场	白色	Continuous	默认
总图-标注	白色	Continuous	默认

当创建不同种类的对象时,应切换到相应图层。

(2)设定绘图区域大小为 200000×200000,设置线型全局比例因子为 500(绘图比例的倒数)。

(3)打开极轴追踪、对象捕捉及捕捉追踪功能。设置极轴追踪角度增量为 90°,设定对象捕捉方式为"端点""交点",设置仅沿正交方向进行捕捉追踪。

(4)用 XLINE 命令绘制水平及竖直作图基准线,然后利用 OFFSET、LINE、BREAK、FILLET、TRIM 等命令绘制道路及停车场,如图 10-2 所示。图中所有圆角半径为 6000。

(5)用 OFFSET、TRIM 等命令绘制原有建筑及新建建筑,细节尺寸及结果如图 10-3 所示。用 DONUT 命令绘制表示建筑物层数的圆点,圆点直径为 1000。

(6)利用设计中心插入"图例.dwg"中的图块"树木",再用 PLINE 命令绘制辅助线 A、B、C,然后填充剖面图案,图案名称分别为 GRASS 和 ANGLE,如图 10-4 所示。删除辅助线,结果如图 10-5 所示。

练习10-1 绘制建筑总平面图（2）

图 10-2 绘制道路及停车场

图 10-3 绘制原有建筑及新建建筑

（7）打开素材文件"10-A3.dwg"，该文件包含一个 A3 幅面的图框，利用 Windows 的复制/粘贴功能将 A3 幅面图纸复制到总平面图中，用 SCALE 命令缩放图框，缩放比例为 500，把总平面图布置在图框中，结果如图 10-5 所示。

图 10-4 插入图块及填充剖面图案　　　　图 10-5 插入图框

（8）标注尺寸。尺寸文字字高为 2.5，标注全局比例因子为 500，尺寸数值比例因子为 0.001。

 当以 1∶500 比例打印图纸时，标注字高为 2.5，标注文本是以"米"为单位的数值。

（9）利用设计中心插入"图例.dwg"中的图块"室外地坪标高""标高"及"指北针"，块的缩放比例因子为 500。

10.2 绘制建筑平面图

假想用一个剖切平面在门窗洞的位置将房屋剖切开，把剖切平面以下的部分做正投影而形成的图样就是建筑平面图。该图是建筑施工图中最基本的图样之一，主要用于表示建筑物的平面形状以及沿水平方向的布置和组合关系等。

建筑平面图的主要图示内容如下。

- 房屋的平面形状、大小及房间的布局。
- 墙体、柱及墩的位置和尺寸。
- 门、窗及楼梯的位置和类型。

10.2.1 用 AutoCAD 绘制建筑平面图的步骤

用 AutoCAD 绘制建筑平面图的总体思路是先整体、后局部，主要绘制过程如下。

（1）创建图层，如墙体层、轴线层、柱网层等。

（2）绘制一个表示作图区域大小的矩形，双击鼠标滚轮，将该矩形全部显示在绘图窗口中。再用 EXPLODE 命令分解矩形，形成作图基准线。此外，也可利用 LIMITS 命令设定作图区域大小，然后用 LINE 命令绘制水平及竖直作图基准线。

（3）用 OFFSET 和 TRIM 命令绘制水平及竖直定位轴线。

（4）用 MLINE 命令绘制外墙体，形成建筑平面图的大致形状。

（5）绘制内墙体。

（6）用 OFFSET 和 TRIM 命令在墙体上形成门窗洞口。

（7）绘制门窗、楼梯及其他局部细节。

（8）插入标准图框，并以绘图比例的倒数缩放图框。

（9）标注尺寸，尺寸标注全局比例为绘图比例的倒数。

（10）书写文字，文字字高为图纸上的实际字高与绘图比例倒数的乘积。

10.2.2 建筑平面图绘制实例

【练习 10-2】 绘制建筑平面图，如图 10-6 所示。绘图比例为 1∶100，采用 A2 幅面图框。为使图形简洁，图中仅标出了总体尺寸、轴线间距尺寸及部分细节尺寸。

练习10-2 绘制建筑平面图

图 10-6 绘制建筑平面图

（1）创建以下图层。

名称	颜色	线型	线宽
建筑-轴线	蓝色	Center	默认
建筑-柱网	白色	Continuous	默认
建筑-墙体	白色	Continuous	0.7
建筑-门窗	红色	Continuous	默认
建筑-台阶及散水	红色	Continuous	默认
建筑-楼梯	红色	Continuous	默认
建筑-标注	白色	Continuous	默认

当创建不同种类的对象时，应切换到相应图层。

（2）设定绘图区域大小为 40000×40000，设置线型全局比例因子为 100（绘图比例倒数）。

（3）打开极轴追踪、对象捕捉及捕捉追踪功能。设置极轴追踪角度增量为 90°，设定对象捕捉方式为"端点""交点"，设置仅沿正交方向进行捕捉追踪。

（4）用 LINE 命令绘制水平及竖直作图基准线，然后利用 OFFSET、BREAK、TRIM 等命令绘制轴线，结果如图 10-7 所示。

（5）在屏幕的适当位置绘制柱的横截面图，尺寸如图 10-8（a）所示。先画一个正方形，再连接两条对角线，然后用"Solid"图案填充图形，结果如图 10-8（b）所示。正方形两条对角线的交点可作为柱截面的定位基准点。

图 10-7　绘制轴线　　　　　　图 10-8　绘制柱的横截面

（6）用 COPY 命令绘制柱网，结果如图 10-9 所示。

（7）创建两个多线样式。

样式名	元素	偏移量
墙体-370	两条直线	145、-225
墙体-240	两条直线	120、-120

（8）关闭"建筑-柱网"层，指定"墙体-370"为当前样式，用 MLINE 命令绘制建筑物外墙体。再设定"墙体-240"为当前样式，绘制建筑物内墙体，结果如图 10-10 所示。

（9）用 MLEDIT 命令编辑多线相交的形式，再分解多线，修剪多余线条。

（10）用 OFFSET、TRIM 和 COPY 命令绘制所有门窗洞口，结果如图 10-11 所示。

（11）利用设计中心插入素材文件"图例.dwg"中的门窗图块，它们分别是 M1000、M1200、M1800 及 C370×100，再复制这些图块，结果如图 10-12 所示。

图 10-9　绘制柱网　　　　　　　　　图 10-10　绘制外墙体、内墙体

图 10-11　绘制门窗洞口　　　　　　　图 10-12　插入门窗图块

（12）绘制室外台阶及散水，细节尺寸及结果如图 10-13 所示。

图 10-13　绘制室外台阶及散水

（13）绘制楼梯，楼梯尺寸如图 10-14 所示。

（14）打开素材文件"10-A2.dwg"，该文件包含一个 A2 幅面的图框，利用 Windows 的复制/粘贴功能将 A2 幅面图纸复制到平面图中，用 SCALE 命令缩放图框，缩放比例为 100，然后把平面图布置在图框中，结果如图 10-15 所示。

图 10-14　绘制楼梯　　　　　　　　　图 10-15　插入图框

（15）标注尺寸，尺寸文字字高为 2.5，标注全局比例因子为 100。

（16）利用设计中心插入"图例.dwg"中的标高块及轴线编号块，并填写属性文字，块的缩放比例因子为 100。

（17）将文件以名称"平面图.dwg"保存，该文件将用于绘制立面图和剖面图。

10.3 绘制建筑立面图

建筑立面图是按不同投影方向绘制的房屋侧面外形图，它主要表示房屋的外貌和立面装饰的情况，其中反映主要入口或比较显著地反映房屋外貌特征的立面图称为正立面图，其余立面图相应地称为背立面、侧立面。房屋有 4 个朝向，常根据房屋的朝向命名相应方向的立面图，如南立面图、北立面图、东立面图和西立面图。此外，也可根据建筑平面图中首尾轴线命名，如①～⑦立面图。轴线的顺序：当观察者面向建筑物时，轴线顺序为从左往右。

10.3.1 用 AutoCAD 绘制建筑立面图的步骤

可将建筑平面图作为绘制建筑立面图的辅助图形。先从建筑平面图画竖直投影线，将建筑物的主要特征投影到建筑立面图，然后绘制建筑立面图的各部分细节。

绘制建筑立面图的主要过程如下。

（1）创建图层，如建筑轮廓层、窗洞层及轴线层等。

（2）通过外部引用方式将建筑平面图插入当前图形中，或者打开已有建筑平面图，将其另存为一个文件，以此文件为基础绘制建筑立面图。也可利用 Windows 的复制/粘贴功能从建筑平面图中获取有用的信息。

（3）从建筑平面图画建筑物轮廓的竖直投影线，再画地平线、屋顶线等，这些线条构成了建筑立面图的主要布局线。

（4）利用投影线形成各层门窗洞口线。

（5）以布局线为作图基准线，绘制墙面细节，如阳台、窗台及壁柱等。

（6）插入标准图框，并以绘图比例的倒数缩放图框。

（7）标注尺寸，尺寸标注全局比例为绘图比例的倒数。

（8）书写文字，文字字高为图纸上的实际字高与绘图比例倒数的乘积。

10.3.2 建筑立面图绘制实例

【练习 10-3】 绘制建筑立面图，如图 10-16 所示。绘图比例为 1：100，采用 A3 幅面图框。

（1）创建以下图层。

名称	颜色	线型	线宽
建筑-轴线	蓝色	Center	默认
建筑-构造	白色	Continuous	默认

建筑-轮廓	白色	Continuous	0.7
建筑-地坪	白色	Continuous	1.0
建筑-窗洞	红色	Continuous	0.35
建筑-标注	白色	Continuous	默认

图 10-16 绘制建筑立面图

练习10-3 绘制建筑立面图

当创建不同种类的对象时，应切换到相应图层。

（2）设定绘图区域大小为 40000×40000，设置线型全局比例因子为 100（绘图比例倒数）。

（3）打开极轴追踪、对象捕捉及捕捉追踪功能。设置极轴追踪角度增量为 90°，设定对象捕捉方式为"端点""交点"，设置仅沿正交方向进行捕捉追踪。

（4）利用外部引用方式将上一小节创建的文件"平面图.dwg"插入当前图形中，再关闭该文件的"建筑-标注"及"建筑-柱网"层。

（5）从建筑平面图绘制竖直投影线，再用 LINE、OFFSET 及 TRIM 命令绘制屋顶线、室外地坪线和室内地坪线等，细部尺寸及结果如图 10-17 所示。

（6）从平面图绘制竖直投影线，再用 OFFSET 及 TRIM 命令绘制窗洞线，结果如图 10-18 所示。

图 10-17 绘制投影线、建筑物轮廓线等　　　　图 10-18 绘制窗洞线

（7）绘制窗户，窗户细部尺寸及作图结果如图 10-19 所示。

图 10-19 绘制窗户

（8）从平面图绘制竖直投影线，再用 OFFSET 及 TRIM 命令绘制雨篷及室外台阶，结果如图 10-20 所示。雨篷厚度为 500，室外台阶分 3 个踏步，每个踏步高 150。

（9）拆离外部引用文件，再打开素材文件"10-A3.dwg"，该文件包含一个 A3 幅面的图框。利用 Windows 的复制/粘贴功能将 A3 幅面图纸复制到建筑立面图中，用 SCALE 命令缩放图框，缩放比例为 100，然后把建筑立面图布置在图框中，结果如图 10-21 所示。

图 10-20　雨篷及室外台阶

图 10-21　插入图框

（10）标注尺寸，尺寸文字字高为 2.5，标注全局比例因子等于 100。

（11）利用设计中心插入"图例.dwg"中的标高块及轴线编号块，并填写属性文字，块的缩放比例因子为 100。

（12）将文件以名称"立面图.dwg"保存，该文件将用于绘制建筑剖面图。

10.4 绘制建筑剖面图

建筑剖面图主要用于表示房屋内部的结构形式、分层情况及各部分的联系等，它的绘制方法是假想一个铅垂的平面剖切房屋，移去挡住的部分，然后将剩余的部分按正投影原理绘制出来。

建筑剖面图反映的主要内容如下。

- 在垂直方向上房屋各部分的尺寸及组合。
- 建筑物的层数、层高。
- 房屋在剖面位置上的主要结构形式、构造方式等。

10.4.1　用 AutoCAD 绘制建筑剖面图的步骤

可将建筑平面图、建筑立面图作为绘制建筑剖面图的辅助图形。将建筑平面图旋转 90°，并布置在适当的地方，从建筑平面图、建筑立面图画竖直及水平投影线以绘制建筑剖面图的主要特征，然后绘制建筑剖面图各部分细节。

绘制建筑剖面图的主要过程如下。

（1）创建图层，如墙体层、楼面层及构造层等。

（2）将平面图、立面图布置在一个图形中，以这两个图为基础绘制剖面图。

（3）从平面图、立面图画建筑物轮廓的投影线，修剪多余线条，形成剖面图的主要布局线。

（4）利用投影线形成门窗高度线、墙体厚度线及楼板厚度线等。

（5）以布局线为作图基准线，绘制未剖切到的墙面细节，如阳台、窗台及墙垛等。

（6）插入标准图框，并以绘图比例的倒数缩放图框。

（7）标注尺寸，尺寸标注全局比例为绘图比例的倒数。

（8）书写文字，文字字高为图纸上的实际字高与绘图比例倒数的乘积。

10.4.2　建筑剖面图绘制实例

【练习 10-4】　绘制建筑剖面图，如图 10-22 所示。绘图比例为 1：100，采用 A3 幅面图框。

练习10-4　绘制建筑剖
面图

图 10-22　绘制建筑剖面图

（1）创建以下图层

名称	颜色	线型	线宽
建筑-轴线	蓝色	Center	默认
建筑-楼面	白色	Continuous	0.7
建筑-墙体	白色	Continuous	0.7
建筑-地坪	白色	Continuous	1.0
建筑-门窗	红色	Continuous	默认
建筑-构造	红色	Continuous	默认
建筑-标注	白色	Continuous	默认

当创建不同种类的对象时，应切换到相应图层。

（2）设定绘图区域大小为 30000×30000，设置线型全局比例因子为 100（绘图比例倒数）。

（3）打开极轴追踪、对象捕捉及捕捉追踪功能。设置极轴追踪角度增量为 90°，设定对象捕捉方式为"端点""交点"，设置仅沿正交方向进行捕捉追踪。

（4）利用外部引用方式将已创建的文件"平面图.dwg""立面图.dwg"插入当前图形中，再关闭两文件的"建筑-标注"层。

（5）将建筑平面图旋转 90°，并将其布置在适当位置。从建筑立面图和建筑平面图向建筑剖面图绘制投影线，再绘制屋顶左、右端面线，结果如图 10-23 所示。

（6）从建筑平面图绘制竖直投影线，投影墙体，结果如图 10-24 所示。

图 10-23　绘制投影线及屋顶端面线　　　　　　图 10-24　投影墙体

（7）从建筑立面图绘制水平投影线，再用 OFFSET、TRIM 等命令绘制楼板、窗洞及檐口，结果如图 10-25 所示。

（8）绘制窗户、门、柱及其他细节等，结果如图 10-26 所示。

图 10-25　绘制楼板、窗洞及檐口　　　　　　图 10-26　绘制窗户、门及柱等

（9）拆离外部引用文件，再打开素材文件"10-A3.dwg"，该文件包含一个 A3 幅面的图框。利用 Windows 的复制/粘贴功能将 A3 幅面图纸复制到建筑剖面图中，用 SCALE 命令缩放图框，缩放比例为 100，然后把建筑剖面图布置在图框中，结果如图 10-27 所示。

图 10-27　插入图框

（10）标注尺寸，尺寸文字字高为 2.5，标注全局比例因子等于 100。

（11）利用设计中心插入"图例.dwg"中的标高块及轴线编号块，并填写属性文字，块的缩放比例因子为 100。

（12）将文件以名称"剖面图.dwg"保存。

10.5 绘制建筑详图

建筑平面图、建筑立面图及建筑剖面图主要表达了建筑物的平面布置情况、外部形状和垂直方向的结构构造等。这些图样的绘图比例较小，而反映的内容范围却很广，因而建筑物的细部结构很难清晰地表示出来。为满足施工要求，常对楼梯、墙身、门窗及阳台等局部结构采用较大的比例详细绘制，这样绘制出的图样称为建筑详图。

建筑详图主要包括以下内容。

- 某部分的详细构造及详细尺寸。
- 使用的材料、规格及尺寸。
- 有关施工要求及制作方法的文字说明。

绘制建筑详图的主要过程如下。

（1）创建图层，如轴线层、墙体层及装饰层等。

（2）将建筑平面图、建筑立面图或建筑剖面图中的有用对象复制到当前图形中，以减少作图工作量。

（3）不同绘图比例的建筑详图都按 1∶1 比例绘制。可先画出作图基准线，然后利用 OFFSET 及 TRIM 命令绘制图样细节。

（4）插入标准图框，并以出图比例的倒数缩放图框。

（5）对绘图比例与出图比例不同的详图进行缩放操作，缩放比例因子等于绘图比例与出图比例的比值，然后再将所有详图布置在图框内。例如，有绘图比例为 1∶20 和 1∶40 的两张详图，要布置在 A3 幅面的图纸内，出图比例为 1∶40，则布图前，应先用 SCALE 命令缩放 1∶20 的详图，缩放比例因子为 2。

（6）标注尺寸，尺寸标注全局比例为出图比例的倒数。

（7）对于已缩放 n 倍的详图，应采用新样式进行标注。标注全局比例为出图比例的倒数，尺寸数值比例因子为 $1/n$。

（8）书写文字，文字字高为图纸上的实际字高与绘图比例倒数的乘积。

【练习 10-5】 绘制建筑详图，如图 10-28 所示。两个详图的绘图比例分别为 1∶10 和 1∶20，图幅采用 A3 幅面，出图比例为 1∶10。

图 10-28 绘制建筑详图

（1）创建以下图层。

名称	颜色	线型	线宽
建筑-轴线	蓝色	Center	默认
建筑-楼面	白色	Continuous	0.7
建筑-墙体	白色	Continuous	0.7
建筑-门窗	红色	Continuous	默认
建筑-构造	红色	Continuous	默认
建筑-标注	白色	Continuous	默认

当创建不同种类的对象时，应切换到相应图层。

（2）设定绘图区域大小为 4000×4000，设置线型全局比例因子为 10（出图比例倒数）。

（3）打开极轴追踪、对象捕捉及捕捉追踪功能。设置极轴追踪角度增量为 90°，设定对象捕捉方式为"端点""交点"，设置仅沿正交方向进行捕捉追踪。

（4）用 LINE 命令绘制轴线及水平作图基准线，然后用 OFFSET、TRIM 命令绘制墙体、楼板及雨篷等，结果如图 10-29 所示。

（5）用 OFFSET、LINE 及 TRIM 命令绘制墙面、门及楼板面构造等，再填充剖面图案，结果如图 10-30 所示。

图 10-29　绘制墙体、楼板及雨篷等

图 10-30　绘制墙面、门及楼板面构造等

（6）用与步骤（4）、（5）类似的方法绘制栏杆大样图。

（7）打开素材文件"10-A3.dwg"，该文件包含一个 A3 幅面的图框。利用 Windows 的复制/粘贴功能将 A3 幅面图纸复制到详图中，用 SCALE 命令缩放图框，缩放比例为 10。

（8）用 SCALE 命令缩放栏杆大样图，缩放比例为 0.5，然后把两个详图布置在图框中，结果如图 10-31 所示。

图 10-31　插入图框

（9）创建尺寸标注样式"详图 1：10"，尺寸文字字高为 2.5，标注全局比例因子为 10，再以"详图 1：10"为基础样式创建新样式"详图 1：20"，该样式尺寸数值比例因子为 2。

（10）标注尺寸及书写文字，文字字高为 35。

10.6 创建样板图

从前面几节的绘图实例可以看出，每次建立新图样时，都要生成图层，设置颜色、线型和线宽，设定绘图区域大小，创建标注样式、文字样式等，这些工作是一些重复性劳动，非常耗费时间。另外，若每次重复这些设定，也很难保证所有设计图样的图层、文字样式及标注样式等项目的一致性。要解决以上问题，可采取下面的方法。

1. 从已有工程图生成新图形

打开已有工程图，删除不必要的内容，将其另存为一个新文件，则新图样具有与原图样相同的绘图环境。

2. 利用自定义样板图生成新图形

工程图中常用的图纸幅面包括 A0、A1、A2 和 A3 等，可针对每种标准幅面图纸定义一个样板图，其扩展名为".dwt"，包含的内容有各类图层、工程文字样式、工程标注样式、图框、标题栏及会签栏等。当要创建新图样时，可指定已定义的样板图为原始图，这样就将样板图中的标准设置全部传递给了新图样。

【练习 10-6】 定义 A3 幅面样板图。

（1）建立保存样板文件的文件夹，名为"工程样板文件"。

（2）新建一个图形，在该图形中绘制 A3 幅面图框、标题栏及会签栏。可将标题栏及会签栏创建成表格对象，这样便于填写文字。

（3）创建图层，如"建筑-轴线"层、"建筑-墙体"层等，并设定图层颜色、线型及线宽属性。

（4）新建文字样式"工程文字"，设定该样式连接的字体文件为"gbenor.shx"和"gbcbig.shx"。

（5）创建名为"工程标注"的标注样式，该样式连接的文字样式是"工程文字"。

（6）选择菜单命令【文件】/【另存为】，打开【图形另存为】对话框，在该对话框【保存于】下拉列表中找到文件夹"工程样板文件"，在【文件名】栏中输入样板文件的名称"A3"，再通过【文件类型】下拉列表设定文件扩展名为".dwt"。

（7）单击 保存(S) 按钮，打开【样板选项】对话框，如图 10-32 所示。在【说明】列表框中输入关于样板文件的说明文字，单击 确定 按钮完成。

（8）选择菜单命令【工具】/【选项】，打开【选项】对话框，在该对话框中将文件夹"工程样板文件"添加到 AutoCAD 自动搜索样板文件的路径中，如图 10-33 所示。这样每次建立新图形时，系统就打开"工程样板文件"文件夹，并显示其中的样板文件。

图 10-32 【样板说明】对话框

图 10-33   【选项】对话框

习   题

1. 用 AutoCAD 绘制建筑平面图、建筑立面图及建筑剖面图的主要步骤是什么？

2. 除用 LIMITS 命令设定绘图区域大小外，还可用哪些方法进行设定？

3. 如何插入标准图框？

4. 若绘图比例为 1：150，则标注尺寸时，标注全局比例应设置为多少？

5. 绘制建筑剖面图时，可用哪些方法从建筑平面图、建筑立面图中获取有用的信息？

6. 如何将图例库中的图块插入当前图形中？

7. 若要将图例库中的所有图块一次插入当前图形中，应如何操作？

8. 若要在同一张图纸上布置多个不同绘图比例的详图，应怎样操作？

9. 已将详图放大一倍，要使尺寸标注数值反映原始长度，应怎样设定？

10. 绘图比例为 1：100，要使打印在图纸上的文字高度为 3.5，则书写文字时的高度为多少？

11. 样板文件有何作用？如何创建样板文件？

第**11**章

结构施工图

- 掌握绘制基础平面图的方法和技巧。
- 掌握绘制结构平面图的方法和技巧。
- 掌握绘制钢筋混凝土构件图的方法和技巧。

通过本章的学习，读者要了解用 AutoCAD 绘制基础平面图、楼层结构平面图和钢筋混凝土构件图的一般步骤，掌握绘制这些图样的实用技巧。

11.1 基础平面图

基础平面图用于表达建筑物基础的平面布局及详细构造。其图示方法是假想用一水平剖切平面在相对标高为 ±0.000 处将建筑物剖开，移去上面部分，再去除基础周围的回填土后进行水平投影。

11.1.1 绘制基础平面图的步骤

基础平面图的绘图比例一般与建筑平面图相同，两图轴线分布情况应一致。绘制基础平面图的主要过程如下。

（1）创建图层，如墙体层、基础层及标注层等。

（2）绘制轴线、柱网及墙体，或者从建筑平面图中复制这些对象。

（3）用 XLINE、OFFSET、TRIM 等命令绘制基础轮廓线。

（4）插入标准图框，并以绘图比例的倒数缩放图框。

（5）标注尺寸，尺寸标注全局比例为绘图比例的倒数。

（6）书写文字，文字字高为图纸上的实际字高与绘图比例倒数的乘积。

11.1.2　基础平面图绘制实例

【练习 11-1】　绘制建筑物基础平面图，如图 11-1 所示。绘图比例为 1：100，采用 A2 幅面图框。

练习11-1　绘制基础平面图

（1）打开素材文件"建筑平面图.dwg"，关闭"建筑-标注"、"建筑-楼梯"等图层，只保留"建筑-轴线""建筑-墙体""建筑-柱网"层。

（2）创建新图形，设定绘图区大小为 40000×40000，设置线型全局比例因子为 100（绘图比例倒数）。

（3）利用 Windows 的复制/粘贴功能将"建筑平面图.dwg"中的轴线、墙体及柱网复制到新图形中，再利用 JOINT 及 STRETCH 等命令将断开的墙体连接起来，结果如图 11-2 所示。

图 11-1　绘制基础平面图　　　　　　图 11-2　复制轴线、墙体及柱网等

（4）将新图形的"建筑-轴线""建筑-墙体""建筑-柱网"层改名为"结构-轴线""结构-基础墙体""结构-柱网"，然后创建以下图层。

名称	颜色	线型	线宽
结构-基础	白色	Continuous	0.35
结构-标注	红色	Continuous	默认

当创建不同种类的对象时，应切换到相应图层。

（5）利用 XLINE、OFFSET 及 TRIM 命令绘制基础墙两侧的基础外形轮廓，结果如图 11-3 所示。

图 11-3　绘制基础外形轮廓

（6）插入标准图框、标注尺寸及书写文字，请读者自己完成。

11.2 结构平面图

结构平面图是表示室外地坪以上建筑物各层梁、板、柱和墙等构件平面布置情况的图样。其图示方法是假想沿着楼板上表面将建筑物剖开，移去上面部分，然后从上往下进行投影。

11.2.1 绘制结构平面图的步骤

绘制结构平面图时，一般应选用与建筑平面图相同的绘图比例，绘制出与建筑平面图完全一致的轴线。

绘制结构平面图的主要过程如下。

（1）创建图层，如墙体层、钢筋层及标注层等。

（2）绘制轴线、柱网及墙体，或从建筑平面图中复制这些对象。

（3）绘制板、梁的布置情况。

（4）在屏幕的适当位置用 PLINE 或 LINE 命令绘制钢筋线，然后用 COPY、ROTATE 及 MOVE 命令在板内布置钢筋。

（5）插入标准图框，并以绘图比例的倒数缩放图框。

（6）标注尺寸，尺寸标注全局比例为绘图比例的倒数。

（7）书写文字，文字字高为图纸上的实际字高与绘图比例倒数的乘积。

11.2.2 结构平面图绘制实例

【练习 11-2】 绘制楼层结构平面图，如图 11-4 所示。绘图比例为 1∶100，采用 A2 幅面图框。这个例题的目的是演示绘制结构平面图的步骤，因此仅画出了楼板的部分配筋。

图 11-4 绘制楼层结构平面图

（1）打开素材文件"建筑平面图.dwg"，关闭"建筑-标注""建筑-楼梯"等图层，只保留"建筑-轴线""建筑-墙体"和"建筑-柱网"层。

（2）创建新图形，设定绘图区大小为 40000×40000，设置线型全局比例因子为 100（绘图比例倒数）。

（3）利用 Windows 的复制/粘贴功能将"建筑平面图.dwg"中的轴线、墙体及柱网复制到新图形中，利用 ERASE、EXTEND 及 STRETCH 命令将断开的墙体连接起来，结果如图 11-5 所示。

图 11-5　复制轴线、墙体及柱网等

（4）将新图形的"建筑-轴线""建筑-墙体""建筑-柱网"层改名为"结构-轴线""结构-墙体""结构-柱网"，然后创建以下图层。

名称	颜色	线型	线宽
结构-钢筋	白色	Continuous	0.70
结构-标注	红色	Continuous	默认

当创建不同种类的对象时，应切换到相应图层。

（5）在屏幕的适当位置用 PLINE 或 LINE 命令绘制钢筋，如图 11-6 所示。

（6）用 COPY、ROTATE、MOVE 等命令在楼板内布置钢筋，部分结果如图 11-7 所示。

图 11-6　绘制钢筋　　　　　　　　　　图 11-7　布置钢筋

（7）在楼梯间绘制交叉对角线，再将楼板下的不可见构件修改为虚线。

（8）请读者自己绘制楼板内的其余配筋，然后插入图框、标注尺寸及书写文字。

11.3 钢筋混凝土构件图

钢筋混凝土构件图表达了构件的形状大小、钢筋本身及其在混凝土中的布置情况。该图的图示特点是假定混凝土是透明的，然后将构件进行投影，这样构件内的钢筋是可见的，其分布情况一目了然。必要时，还可将钢筋抽出来绘制钢筋详图并列出钢筋表。

11.3.1　绘制钢筋混凝土构件图的步骤

绘制钢筋混凝土构件图时，一般先画出构件的外形轮廓，然后绘制构件内的钢筋。此类图的主要作图过程如下。

（1）创建图层，如钢筋层、梁层及标注层等。

（2）可将已有施工图中的有用对象复制到当前图形中，以减少作图工作量。

（3）不同绘图比例的构件详图都按 1：1 比例绘制。一般先绘制出轴线、重要轮廓边线等，再以这些线为作图基准线，用 OFFSET 及 TRIM 命令绘制构件外形轮廓。

（4）在屏幕的适当位置用 PLINE 或 LINE 命令绘制钢筋线，然后用 COPY、ROTATE 及 MOVE 命令将钢筋布置在构件中。也可以构件轮廓线为基准线，用 OFFSET 及 TRIM 命令形成钢筋。

（5）用 DONUT 命令绘制表示钢筋断面的圆点，圆点外径等于图纸上圆点直径尺寸与出图比例倒数的乘积。

（6）插入标准图框，并以出图比例的倒数缩放图框。

（7）对绘图比例与出图比例不同的构件详图进行缩放操作，缩放比例因子等于绘图比例与出图比例的比值，然后再将所有详图布置在图框内。例如，有绘图比例为 1：20 和 1：40 的两张详图要布置在 A3 幅面的图纸内，出图比例为 1：40。则布图前，应先用 SCALE 命令缩放 1：20 的详图，缩放比例因子为 2。

（8）标注尺寸，尺寸标注全局比例为出图比例的倒数。

（9）对于已缩放 n 倍的详图，应采用新样式进行标注。标注全局比例为出图比例的倒数，尺寸数值比例因子为 $1/n$。

（10）书写文字，文字字高为图纸上的实际字高与绘图比例倒数的乘积。

11.3.2　钢筋混凝土构件图绘制实例

【练习 11-3】　绘制钢筋混凝土梁结构详图，如图 11-8 所示。绘图比例分别为 1：25 和 1：10，图幅采用 A2 幅面，出图比例为 1：25。

图 11-8　绘制梁的结构详图

（1）创建以下图层。

名称	颜色	线型	线宽
结构-轴线	蓝色	Center	默认
结构-梁	白色	Continuous	默认
结构-钢筋	白色	Continuous	0.7
结构-标注	红色	Continuous	默认

当创建不同种类的对象时，应切换到相应图层。

（2）设定绘图区域大小为10000×10000，设置线型全局比例因子为25（出图比例倒数）。

（3）打开极轴追踪、对象捕捉及捕捉追踪功能。设置极轴追踪角度增量为90°，设定对象捕捉方式为端点、交点，设置仅沿正交方向进行捕捉追踪。

（4）用 LINE 命令绘制轴线及水平作图基准线，然后用 OFFSET、TRIM 命令绘制墙体及梁的轮廓线，如图11-9所示。

图11-9　画墙体及梁的轮廓线

（5）在屏幕的适当位置用 PLINE 或 LINE 命令绘制钢筋，然后用 COPY、MOVE 等命令在梁内布置钢筋，结果如图11-10所示。钢筋保护层的厚度为25。

（6）用 LINE、OFFSET 及 DONUT 命令绘制梁的断面图，如图11-11所示。图中圆点直径为20。

图11-10　布置钢筋　　　　　图11-11　绘制梁的断面图

（7）用 SCALE 命令缩放断面图，缩放比例为2.5，该值等于断面图的绘图比例与出图比例的比值。

（8）插入标准图框、标注尺寸及书写文字，请读者自己完成。

习　题

1. 绘制基础平面图、楼层结构平面图及钢筋混凝土构件图的主要作图步骤是什么？

2. 绘制结构平面图时，可用何种方法从建筑平面图中获取有用的信息？

3. 与 LINE 命令相比，用 PLINE 命令绘制钢筋线有何优点？

4. 出图比例为1：30，若要求图纸上钢筋断面的直径为1.5mm，则用 DONUT 命令画断面圆点时，应设定圆点外径是多少？

5. 要在标准图纸上布置两个结构详图，详图的绘图比例分别为1：10和1：30，若出图比例设定为1：30，则应对哪个图样进行缩放？缩放比例是多少？图样缩放后，怎样才能使标注文字反映构件的真实大小？

第12章

打印图形

通过本章的学习，读者要掌握从模型空间打印图形的方法，并学会将多张图纸布置在一起打印的技巧。

12.1 课堂实训——打印图形的过程

在模型空间中将工程图样布置在标准幅面的图框内，再标注尺寸及书写文字后，就可以输出图形了。输出图形的主要过程如下。

（1）指定打印设备，打印设备可以是 Windows 系统打印机，也可以是 AutoCAD 中安装的打印机。

（2）选择图纸幅面及打印份数。

（3）设定要输出的内容。例如，可指定将某一矩形区域的内容输出，或者将包围所有图形的最大矩形区域输出。

（4）调整图形在图纸上的位置及方向。

（5）选择打印样式，详见 12.2.2 小节。若不指定打印样式，则按对象的原有属性进行打印。

（6）设定打印比例。

（7）预览打印效果。

【练习12-1】　从模型空间打印图形。

（1）打开素材文件"dwg\第 12 章\12-1.dwg"。

练习12-1　打印图形

（2）单击程序窗口左上角的 ▲ 图标，选择菜单命令【打印】/【管理器绘图仪管】，打开"Plotters"界面，利用界面的"添加绘图仪向导"配置一台绘图仪"DesignJet 450C C4716A"。

（3）单击程序窗口上部快速访问工具栏上的 🖶 按钮，打开【打印】对话框，如图 12-1 所示，在该对话框中完成以下设置。

- 在【打印机/绘图仪】分组框的【名称】下拉列表中选择打印设备【DesignJet 450C C4716A.pc3】。
- 在【图纸尺寸】下拉列表中选择 A2 幅面图纸。
- 在【打印份数】分组框的数值框中输入打印份数。
- 在【打印范围】下拉列表中选择【范围】选项。
- 在【打印比例】分组框中设置打印比例为"1∶100"。
- 在【打印偏移】分组框中选择【居中打印】选项。。
- 在【图形方向】分组框中设定图形打印方向为【横向】。
- 在【打印样式表】分组框的下拉列表中选择打印样式【monochrome.ctb】（将所有颜色打印为黑色）。

图 12-1　【打印】对话框

（4）单击 预览(P)... 按钮，预览打印效果，如图 12-2 所示。若满意，单击 🖶 按钮开始打印；否则，按 Esc 键返回【打印】对话框，重新设定打印参数。

图 12-2　打印预览

12.2 设置打印参数

在 AutoCAD 中，用户可使用内部打印机或 Windows 系统打印机输出图形，并能方便地修改打印机设置及其他打印参数。选择菜单命令【文件】/【打印】，AutoCAD 打开【打印】对话框，如图 12-3 所示。在该对话框中用户可配置打印设备及选择打印样式，还能设定图纸幅面、打印比例及打印区域等参数。下面介绍该对话框的主要功能。

图 12-3 【打印】对话框

12.2.1 选择打印设备

在【打印机/绘图仪】的【名称】下拉列表中，用户可选择 Windows 系统打印机或 AutoCAD 内部打印机（".pc3"文件）作为输出设备。请注意，这两种打印机名称前的图标是不一样的。当用户选定某种打印机后，【名称】下拉列表下面将显示被选中设备的名称、连接端口及其他有关打印机的注释信息。

如果用户想修改当前打印机设置，可单击 特性(R)... 按钮，打开【绘图仪配置编辑器】对话框，如图 12-4 所示。在该对话框中用户可以重新设定打印机端口及其他输出设置，如打印介质、图形、物理笔配置、自定义特性、校准及自定义图纸尺寸等。

【绘图仪配置编辑器】对话框中包含【常规】、【端口】及 【设备和文档设置】3 个选项卡，各选项卡的功能介绍如下。

图 12-4 【绘图仪配置编辑器】对话框

- 【常规】：该选项卡包含了打印机配置文件（".pc3"文件）的基本信息，如配置文件名称、驱动程序信息、打印机端口等。用户可在此选项卡的【说明】区域中加入其他注释信息。
- 【端口】：通过此选项卡，用户可修改打印机与计算机的连接设置，如选定打印端口、指定打印到文件、后台打印等。

- 【设备和文档设置】：在该选项卡中用户可以指定图纸来源、尺寸和类型，并能修改颜色深度、打印分辨率等。

12.2.2 使用打印样式

在【打印样式表】分组框的【名称】下拉列表中选择打印样式，如图 12-5 所示。打印样式是对象的一种特性，如同颜色和线型一样，它用于修改打印图形的外观。若为某个对象选择了一种打印样式，则输出图形后，对象的外观由样式决定。AutoCAD 提供了几百种打印样式，并将其组合成一系列打印样式表。

AutoCAD 中有以下两种类型的打印样式表。

打印样式表 (画笔指定)(G)

monochrome.ctb

图 12-5 使用打印样式

- 颜色相关打印样式表：颜色相关打印样式表以 ".ctb" 为文件扩展名保存。该表以对象颜色为基础，共包含 255 种打印样式，每种 ACI 颜色对应一个打印样式，样式名分别为 "颜色 1" "颜色 2" 等。用户不能添加或删除颜色相关打印样式，也不能改变它们的名称。若当前图形文件与颜色相关打印样式表相连，则系统自动根据对象的颜色分配打印样式。用户不能选择其他打印样式，但可以对已分配的样式进行修改。

- 命名相关打印样式表：命名相关打印样式表以 ".stb" 为文件扩展名保存。该表包括一系列已命名的打印样式，用户可修改打印样式的设置及其名称，还可添加新的样式。若当前图形文件与命名相关打印样式表相连，则用户可以不考虑对象颜色，直接给对象指定样式表中的任意一种打印样式。

【名称】下拉列表中包含了当前图形中的所有打印样式表，用户可选择其中之一。用户若要修改打印样式，可单击此下拉列表右边的 ![按钮] 按钮，打开【打印样式表编辑器】对话框，利用该对话框可查看或改变当前打印样式表中的参数。

选择菜单命令【文件】/【打印样式管理器】，打开 "Plot Styles" 文件夹，该文件夹中包含打印样式文件及创建新打印样式的快捷方式，单击此快捷方式就能创建新打印样式。

AutoCAD 新建的图形处于 "颜色相关" 模式或 "命名相关" 模式下，这和创建图形时选择的样板文件有关。若采用无样板方式新建图形，则可事先设定新图形的打印样式模式。发出 OPTIONS 命令，系统打开【选项】对话框，进入【打印和发布】选项卡，再单击 ![打印样式表设置(S)...] 按钮，打开【打印样式表设置】对话框，如图 12-6 所示，通过该对话框设置新图形的默认打印样式模式。

图 12-6 【打印样式表设置】对话框

12.2.3 选择图纸幅面

在【打印】对话框的【图纸尺寸】下拉列表中指定图纸大小，如图 12-7 所示。【图纸尺寸】下拉列表中包含了选定

图 12-7 【图纸尺寸】下拉列表

打印设备可用的标准图纸尺寸。当选择某种幅面图纸时，该列表右上角出现所选图纸及实际打印范围的预览图像（打印范围用阴影表示出来，可在【打印区域】分组框中设定）。将鼠标光标移到图像上面，在鼠标光标的位置就显示出精确的图纸尺寸及图纸上可打印区域的尺寸。

除了从【图纸尺寸】下拉列表中选择标准图纸外，用户也可以创建自定义的图纸。此时，用户需修改所选打印设备的配置。

【练习 12-2】 创建自定义图纸。

练习12-2 选择图纸幅面

（1）在【打印】对话框的【打印机/绘图仪】分组框中单击 特性(R)... 按钮，打开【绘图仪配置编辑器】对话框，在【设备和文档设置】选项卡中选择【自定义图纸尺寸】选项，如图 12-8 所示。

（2）单击 添加(A)... 按钮，打开【自定义图纸尺寸】对话框，如图 12-9 所示。

（3）不断单击 下一步(N) > 按钮，并根据 AutoCAD 的提示设置图纸参数，最后单击 完成(F) 按钮结束。

（4）返回【打印】对话框，AutoCAD 将在【图纸尺寸】下拉列表中显示自定义的图纸尺寸。

图 12-8 【绘图仪配置编辑器】对话框

图 12-9 【自定义图纸尺寸】对话框

12.2.4 设定打印区域

在【打印】对话框的【打印区域】分组框中设置要输出的图形范围，如图 12-10 所示。

该分组框的【打印范围】下拉列表中包含 4 个选项，下面利用图 12-11 所示的图样讲解它们的功能。

图 12-10 【打印区域】分组框

图 12-11　设置打印区域

 在【草图设置】对话框中取消对【显示超出界限的栅格】复选项的选择，才会出现图 12-11 所示的栅格。

- 【图形界限】：从模型空间打印时，【打印范围】下拉列表中将列出【图形界限】选项。选择该选项，系统就把设定的图形界限范围（用 LIMITS 命令设置图形界限）打印在图纸上，结果如图 12-12 所示。

从图纸空间打印时，【打印范围】下拉列表中将列出【布局】选项。选择该选项，系统将打印虚拟图纸可打印区域内的所有内容。

- 【范围】：打印图样中的所有图形对象，结果如图 12-13 所示。

图 12-12　应用【图形界限】选项

图 12-13　应用【范围】选项

- 【显示】：打印整个图形窗口，打印结果如图 12-14 所示。

图 12-14　应用【显示】选项

- 【窗口】：打印用户自己设定的区域。选择此选项后，系统提示指定打印区域的两个角点，同时在【打印】对话框中显示 窗口(O)< 按钮，单击此按钮，可重新设定打印区域。

12.2.5　设定打印比例

在【打印】对话框的【打印比例】分组框中设置出图比例，如图 12-15 所示。在绘制阶段，用户根据实物按 1∶1 比例绘图；在出图阶段，用户需依据图纸尺寸确定打印比例，该比例是图纸尺寸单位与图形单位的比值。当测量单位是 mm，打印比例设定为 1∶2 时，表示图纸上的 1mm 代表两个图形单位。

图 12-15　【打印比例】分组框

【比例】下拉列表包含了一系列标准缩放比例值，此外，还有【自定义】选项，该选项使用户可以自己指定打印比例。

从模型空间打印时，【打印比例】的默认设置是【布满图纸】。此时，系统将缩放图形以充满所选定的图纸。

12.2.6　设定着色打印

着色打印用于指定着色图及渲染图的打印方式，并可设定它们的分辨率。在【打印】对话框的【着色视口选项】分组框中设置着色打印方式，如图 12-16 所示。

图 12-16　设定着色打印

【着色视口选项】分组框中包含以下 3 个选项。

（1）【着色打印】下拉列表框

- 【按显示】：按对象在屏幕上的显示进行打印。
- 【传统线框】：按线框方式打印对象，不考虑其在屏幕上的显示情况。
- 【传统隐藏】：打印对象时消除隐藏线，不考虑其在屏幕上的显示情况。
- 【隐藏】：按"三维隐藏"视觉样式打印对象，不考虑其在屏幕上的显示方式。
- 【线框】：按"三维线框"视觉样式打印对象，不考虑其在屏幕上的显示方式。
- 【概念】：按"概念"视觉样式打印对象，不考虑其在屏幕上的显示方式。
- 【真实】：按"真实"视觉样式打印对象，不考虑其在屏幕上的显示方式。
- 【渲染】：按"渲染"方式打印对象，不考虑其在屏幕上的显示方式。

（2）【质量】下拉列表框

- 【草稿】：将渲染及着色图按线框方式打印。
- 【预览】：将渲染及着色图的打印分辨率设置为当前设备分辨率的 1/4，DPI 的最大值为"150"。
- 【常规】：将渲染及着色图的打印分辨率设置为当前设备分辨率的 1/2，DPI 的最大值为"300"。
- 【演示】：将渲染及着色图的打印分辨率设置为当前设备的分辨率，DPI 的最大值为"600"。
- 【最高】：将渲染及着色图的打印分辨率设置为当前设备的分辨率。
- 【自定义】：将渲染及着色图的打印分辨率设置为【DPI】文本框中用户指定的分辨率，最大可为当前设备的分辨率。

（3）【DPI】文本框

设定打印图像时每英寸的点数，最大值为当前打印设备分辨率的最大值。只有当【质量】下拉列表中选择了【自定义】选项后，此选项才可用。

12.2.7　调整图形打印方向和位置

图形在图纸上的打印方向通过【图形方向】分组框中的选项调整，如图 12-17 所示。该分组框包含一个图标，此图标表明图纸的放置方向，图标中的字母代表图形在图纸上的打印方向。

【图形方向】分组框包含以下 3 个选项。

- 【纵向】：图形在图纸上的放置方向是水平的。
- 【横向】：图形在图纸上的放置方向是竖直的。
- 【上下颠倒打印】：使图形颠倒打印，此选项可与【纵向】和【横向】选项结合使用。

图形在图纸上的打印位置由【打印偏移】分组框中的选项确定，如图 12-18 所示。默认情况下，AutoCAD 从图纸左下角打印图形。打印原点处在图纸左下角位置，坐标是（0,0），用户可在【打印偏移】分组框中设定新的打印原点，这样图形在图纸上将沿 x 轴和 y 轴移动。

图 12-17　【图形方向】分组框　　　　图 12-18　【打印偏移】分组框

【打印偏移】分组框包含以下 3 个选项。

- 【居中打印】：在图纸正中间打印图形（自动计算 x 和 y 的偏移值）。
- 【X】：指定打印原点在 x 方向的偏移值。
- 【Y】：指定打印原点在 y 方向的偏移值。

如果用户不能确定打印机如何确定原点，可试着改变一下打印原点的位置并预览打印结果，然后根据图形的移动距离推测原点位置。

12.2.8　预览打印效果

打印参数设置完成后，用户可通过打印预览观察图形的打印效果，如果不合适可重新调整，以免浪费图纸。

单击【打印】对话框下面的 预览(P)... 按钮，AutoCAD 显示实际的打印效果。系统要重新生成图形，因此对于复杂图形需耗费较多的时间。

预览时，鼠标光标变成"Q+"形状，利用它可以进行实时缩放操作。查看完毕后，按 Esc 键或 Enter 键返回【打印】对话框。

12.2.9　保存打印设置

用户选择打印设备并设置打印参数（图纸幅面、比例和方向等）后，可以将所有这些保存在页面设置中，以便以后使用。

　　在【页面设置】分组框的【名称】下拉列表中显示了所有已命名的页面设置，若要保存当前页面设置，就单击该列表右边的 [添加(..)...] 按钮，打开【添加页面设置】对话框，如图 12-19 所示，在该对话框的【新页面设置名】文本框中输入页面名称，然后单击 [确定(0)] 按钮，存储页面设置。

　　用户也可以从其他图形中输入已定义的页面设置。在【页面设置】分组框的【名称】下拉列表框中选择【输入】选项，打开【从文件选择页面设置】对话框，选择并打开所需的图形文件后，打开【输入页面设置】对话框，如图 12-20 所示。该对话框显示了图形文件中包含的页面设置，选择其中之一，单击 [确定(0)] 按钮完成。

图 12-19　【添加页面设置】对话框　　　　　　图 12-20　　【输入页面设置】对话框

12.3
打印单张图纸

前面几节介绍了有关打印方面的知识，下面通过一个实例演示打印图形的全过程。

【练习 12-3】　打印图形。

练习12-3　打印单张图纸

（1）打开素材文件"dwg\第 12 章\12-3.dwg"。

（2）利用 AutoCAD 的"添加绘图仪向导"配置一台绘图仪"DesignJet 450C C4716A"。

（3）单击程序窗口上部快速访问工具栏上的 按钮，，打开【打印】对话框，如图 12-21 所示。

（4）在【打印机/绘图仪】分组框的【名称】下拉列表中指定打印设备"DesignJet 450C C4716A"。若要修改打印机特性，可单击下拉列表右边的 [特性(R)...] 按钮，打开【绘图仪配置编辑器】对话框，通过该对话框修改打印机端口和介质类型，还可自定义图纸大小。

（5）在【打印份数】分组框的文本框中输入打印份数。

（6）如果要将图形输出到文件，则应在【打印机/绘图仪】分组框中选择【打印到文件】复选项。此后，当用户单击【打印】对话框的 [确定(0)] 按钮时，AutoCAD 就打开【浏览打印文件】对话框，通过此对话框指定输出文件的名称及地址。

（7）继续在【打印】对话框中做以下设置。

● 在【图纸尺寸】下拉列表中选择 A2 图纸。

- 在【打印范围】下拉列表中选择【范围】选项，并设置为居中打印。
- 设定打印比例为"布满图纸"。
- 设定图形打印方向为"横向"。
- 在【打印样式表】分组框的下拉列表中选择打印样式【monochrome.ctb】（将所有颜色打印为黑色）。

图 12-21　【打印】对话框

（8）单击 预览(P)... 按钮，预览打印效果，如图 12-22 所示。若满意，按 Esc 键返回【打印】对话框，再单击 确定(0) 按钮开始打印。

图 12-22　预览打印效果

12.4 将多张图纸布置在一起打印

为了节省图纸，用户常需要将几个图样布置在一起打印，示例如下。

【**练习 12-4**】 素材文件"dwg\第 12 章\12-4-A.dwg"和"12-4-B.dwg"都采用 A2 幅面图纸，绘图比例为 1∶100，现将它们布置在一起输出到 A1 幅面的图纸上。

练习12-4 打印多张图纸

（1）创建一个新文件。

（2）单击【插入】选项卡中【参照】面板上的 按钮，打开【选择参照文件】对话框，找到图形文件"12-4-A.dwg"，单击 打开(O) 按钮，打开【外部参照】对话框，利用该对话框插入图形文件，插入时的缩放比例为 1∶1。

（3）用 SCALE 命令缩放图形，缩放比例为 1∶100（图样的绘图比例）。

（4）用与步骤（2）和步骤（3）相同的方法插入图形文件"12-4-B.dwg"，插入时的缩放比例为 1∶1。插入图样后，用 SCALE 命令缩放图形，缩放比例为 1∶100。

（5）用 MOVE 命令调整图样位置，让其组成 A1 幅面图纸，结果如图 12-23 所示。

图 12-23　组成 A1 幅面图纸

（6）选择菜单命令【文件】/【打印】，打开【打印】对话框，如图 12-24 所示，在该对话框中做以下设置。

图 12-24　【打印】对话框

- 在【打印机/绘图仪】分组框的【名称】下拉列表中选择打印设备【DesignJet 450C C4716A.pc3】。
- 在【图纸尺寸】下拉列表中选择 A1 幅面图纸。
- 在【打印样式表】分组框的下拉列表中选择打印样式【monochrome.ctb】(将所有颜色打印为黑色)。
- 在【打印范围】下拉列表中选择【范围】选项,并设置为居中打印。
- 在【打印比例】分组框中选择【布满图纸】复选项。
- 在【图形方向】分组框中选择【纵向】单选项。

(7) 单击 预览(P)... 按钮,预览打印效果,如图 12-25 所示。若满意,则单击 按钮开始打印。

图 12-25　打印预览

习　题

1. 打印图形时,一般应设置哪些打印参数?如何设置?
2. 打印图形的主要过程是什么?
3. 当设置完打印参数后,应如何保存以便再次使用?
4. 从模型空间出图时,怎样将不同绘图比例的图纸放在一起打印?
5. 有哪两种类型的打印样式?它们的作用是什么?

第13章

三维建模

【学习目标】

- 学会如何观察三维模型。
- 熟练创建长方体、球体及圆柱体等基本立体。
- 掌握拉伸或旋转二维对象以绘制三维实体及曲面的方法。
- 了解通过扫掠及放样绘制三维实体或曲面的方法。
- 能够阵列、旋转及镜像三维对象。
- 了解如何拉伸、移动及旋转实体表面。
- 能够灵活使用用户坐标系。
- 学会利用布尔运算构建复杂模型。

通过本章的学习，读者要掌握创建及编辑三维模型的主要命令，了解利用布尔运算构建复杂模型的方法。

13.1 课堂实训——创建组合体实体模型

实训的任务是创建图 13-1 所示组合体的实体模型。先将组合体分解成简单实体的组成，分别创建这些实体，并移动到正确的位置，然后通过布尔运算形成完整立体。

【练习 13-1】 绘制图 13-1 所示组合体的实体模型。

（1）创建一个新图形文件。

（2）切换到东南轴测视图，将坐标系绕 x 轴旋转 90°，在 xy 平面内画二维图形，再把此图形创建成面域，如图 13-2（a）所示。拉伸面域形成立体，结果如图 13-2（b）所示。

练习13-1 创建组合体
实体模型

（3）将坐标系绕 y 轴旋转 90°，在 xy 平面内画二维图形，再把此图形创建成面域，如图 13-3（a）所示。拉伸面域形成立体，结果如图 13-3（b）所示。

（4）用 MOVE 命令把新建立体移动到正确位置。将坐标系绕 y 轴旋转 -90°，在 xy 平面内画二维图形，再把此图形创建成面域，如图 13-4（a）所示。拉伸面域形成立体，结果如图 13-4（b）所示。

图 13-1　创建实体模型

（a）　　　　　　（b）　　　　　　　　　　（a）　　　　　　　（b）

图 13-2　创建面域并拉伸（1）　　　　　图 13-3　创建面域并拉伸（2）

（5）用 MOVE 命令将新建立体移动到正确位置，然后对所有立体执行"并"运算，结果如图 13-5 所示。

图 13-4　创建面域并拉伸（3）　　　　　图 13-5　执行"并"运算

（6）利用 3 点创建新坐标系，然后绘制长方体，如图 13-6（a）所示。再利用"差"运算将长方体从模型中去除，结果如图 13-6（b）所示。

（a）　　　　　　　　（b）

图 13-6　绘制长方体并执行"差"运算

13.2 三维建模空间

创建三维模型时可切换至 AutoCAD 三维工作空间。打开快速访问工具栏上的【工作空间】下拉列表，或者单击状态栏上的 ⚙ 按钮，弹出快捷菜单，选择【三维建模】选项，就切换至该空间。默认情况下，三维建模空间包含【常用】选项卡、【实体】选项卡、【曲面】选项卡及【网格】选项卡等，如图 13-7 所示。这些选项卡的功能介绍如下。

* 【常用】选项卡：包含三维建模、实体编辑、网格等创建三维模型常用的命令按钮。
* 【实体】选项卡：包含创建及编辑实体模型的命令按钮。
* 【曲面】选项卡：利用该选项板中的命令按钮可创建曲线、曲面，并对其进行编辑。
* 【网格】选项卡：通过该选项板中的命令按钮可创建及编辑网格对象，并将网格对象转化为实体或曲面。

图 13-7　三维建模空间

13.3 观察三维模型

在三维建模过程中，用户常需要从不同的方向观察模型。AutoCAD 提供了多种观察模型的方法，下面介绍常用的几种。

13.3.1　用标准视点观察模型

任何三维模型都可以从任意一个方向观察，【视图】面板上的【三维导航】下拉列表提供了

10 种标准视点，如图 13-8 所示，通过这些视点就能获得 3D 对象的 10 种视图，如前视图、后视图、左视图及东南等轴测图等。

【练习 13-2】 利用标准视点观察图 13-9 所示的三维模型。

图 13-8　标准视点　　　　　　　图 13-9　利用标准视点观察模型

（1）打开素材文件"dwg\第 13 章\13-2.dwg"，启动消隐命令 HIDE，结果如图 13-9 所示。

（2）从【三维导航】下拉列表中选择【前视】选项，然后发出消隐命令 HIDE，结果如图 13-10 所示，此图是三维模型的前视图。

（3）在【三维导航】下拉列表中选择【左视】选项，然后发出消隐命令 HIDE，结果如图 13-11 所示，此图是三维模型的左视图。

图 13-10　前视图　　　　　　　　　　　　图 13-11　左视图

（4）在【三维导航】下拉列表中选择【西南等轴测】选项，然后发出消隐命令 HIDE，结果如图 13-12 所示，此图是三维模型的西南等轴测视图。

图 13-12　西南等轴测视图

13.3.2　三维动态旋转

单击【视图】选项卡中【导航】面板上的 按钮，或者是利用绘图窗口导航栏上同样的按钮，启动三维动态旋转命令（3DFORBIT），此时，按住鼠标左键并拖动鼠标光标就能改变观察方向。

使用此命令时，可以选择观察全部对象或模型中的一部分对象，AutoCAD 围绕待观察的对象形成一个大辅助圆，其圆心是观察目标点，该圆被 4 个小圆分成四等份，如图 13-13 所示。

当用户想观察整个模型的部分对象时，应先选择这些对象，然后启动 3DFORBIT 命令，此时仅所选对象显示在屏幕上。若其没有处在动态观察器的大圆内，就单击鼠标右键，在弹出的快捷菜单中选择【范围缩放】命令。

当鼠标光标移至大辅助圆的不同位置时，其形状将发生变化，不同形状的光标表明了当前视图的旋转方向。

1. 球形光标⊕

鼠标光标位于辅助圆内时，就变为这种形状，此时可假想一个球体将目标对象包裹起来。按住鼠标左键并拖动鼠标光标，就使球体沿鼠标光标拖动的方向旋转，因而模型视图也就旋转起来。

2. 圆形光标⊙

移动鼠标光标到辅助圆外，鼠标光标就变为这种形状，按住鼠标左键并将鼠标光标沿辅助圆拖动，就使 3D 视图旋转，旋转轴垂直于屏幕并通过辅助圆心。

3. 水平椭圆形光标⊕

当把鼠标光标移动到左、右两个小圆的位置时，其形状就变为水平椭圆。单击鼠标左键并拖动鼠标光标就使视图绕着一个铅垂轴线转动，此旋转轴线经过辅助圆心。

4. 竖直椭圆形光标⊕

将鼠标光标移动到上、下两个小圆的位置时，其形状就变为竖直椭圆。单击鼠标左键并拖动鼠标光标将使视图绕着一个水平轴线转动，此旋转轴线经过辅助圆心。

当 3DFORBIT 命令激活时，单击鼠标右键，弹出快捷菜单，如图 13-14 所示。

图 13-13　三维动态旋转

图 13-14　快捷菜单

此菜单中常用命令的功能介绍如下。

- 【其他导航模式】：切换到受约束动态观察及连续动态观察等。
- 【缩放窗口】：用矩形窗口选择要缩放的区域。
- 【范围缩放】：将所有 3D 对象构成的视图缩放到图形窗口的大小。
- 【缩放上一个】：动态旋转模型后再回到旋转前的状态。
- 【平行模式】：激活平行投影模式。
- 【透视模式】：激活透视投影模式，透视图与眼睛观察到的图像极为接近。
- 【重置视图】：将当前的视图恢复到激活 3DFORBIT 命令时的视图。
- 【预设视图】：该选项提供了常用的标准视图，如前视图、左视图等。
- 【视觉样式】：提供了以下常用的模型显示方式。

【隐藏】：用三维线框表示模型并隐藏不可见线条。

【线框】：用直线和曲线表示模型。

【概念】：着色对象，效果缺乏真实感，但可以清晰地显示模型细节。

【真实】：对模型表面进行着色，显示已附着于对象的材质。

13.3.3　视觉样式

视觉样式用于改变模型在视口中的显示外观，它是一组控制模型显示方式的设置，这些设置包括面设置、环境设置、边设置等。面设置控制视口中面的外观，环境设置控制阴影和背景，边设置控制如何显示边。当选中一种视觉样式时，AutoCAD 在视口中按样式规定的形式显示模型。

AutoCAD 提供了以下 10 种默认的视觉样式，用户可在【视图】面板的【视觉样式】下拉列表中进行选择，如图 13-15 所示。

常用的视觉样式介绍如下。

- 【二维线框】：以线框形式显示对象，光栅图像、线型及线宽均可见，如图 13-16（a）所示。
- 【隐藏】：以线框形式显示对象并隐藏不可见线条，光栅图像及线宽可见，线型不可见，如图 13-16（b）所示。
- 【线框】：以线框形式显示对象，同时显示着色的 UCS 图标，光栅图像、线型及线宽可见，如图 13-16（c）所示。
- 【概念】：对模型表面进行着色，着色时采用从冷色到暖色的过渡，而不是从深色到浅色的过渡。效果缺乏真实感，但可以很清晰地显示模型细节，如图 13-16（d）所示。
- 【真实】：对模型表面进行着色，显示已附着于对象的材质。光栅图像、线型及线宽均可见，如图 13-16（e）所示。

图 13-15　【视觉样式】下拉列表

（a）二维线框　　　（b）隐藏　　　（c）线框

（d）概念　　　（e）真实

图 13-16　视觉样式

13.4 创建三维基本立体

AutoCAD 能生成长方体、球体、圆柱体、圆锥体、楔形体及圆环等基本立体。【建模】面板中包含了创建这些立体的命令按钮，表 13-1 所示为这些按钮的功能及操作时要输入的主要参数。

表 13-1　　　　　　　　　　　　　　创建基本立体的命令按钮

按钮	功能	输入参数
	创建长方体	指定长方体的一个角点，再输入另一角点的相对坐标
	创建球体	指定球心，输入球半径
	创圆柱体	指定圆柱体底面的中心点，输入圆柱体半径及高度
	创建圆锥体及圆锥台	指定圆锥体底面的中心点，输入锥体底面半径及锥体高度；指定圆锥台底面的中心点，输入锥台底面半径、顶面半径及锥台高度
	创建楔形体	指定楔形体的一个角点，再输入另一对角点的相对坐标
	创建圆环	指定圆环中心点，输入圆环体半径及圆管半径
	创建棱锥体及棱锥台	指定棱锥体底面边数及中心点，输入锥体底面半径及锥体高度；指定棱锥台底面边数及中心点，输入棱锥台底面半径、顶面半径及棱锥台高度

用户创建长方体或其他基本立体时，也可通过单击一点设定参数的方式进行绘制。当 AutoCAD 提示输入相关数据时，用户移动鼠标光标到适当位置，然后单击一点，在此过程中立体的外观将显示出来，以便于用户初步确定立体形状。绘制完成后，可用 PROPERTIES 命令显示立体尺寸，并可对其修改。

【练习 13-3】　创建长方体及圆柱体。

（1）进入三维建模工作空间。打开【视图】面板上的【三维导航】下拉列表，选择【东南等轴测】选项，切换到东南等轴测视图，再通过该面板上的【视觉样式】下拉列表设定当前模型的显示方式为【二维线框】。

练习13-3　创建三维基本立体

（2）单击【建模】面板上的　按钮，AutoCAD 提示如下。

```
命令: _box
指定第一个角点或[中心（C）]:                        //指定长方体角点 A，如图 13-17（a）所示
指定其他角点或[立方体（C）/长度（L）]: @100,200,300
                                                 //输入另一角点 B 的相对坐标
```

单击【建模】面板上的　按钮，AutoCAD 提示如下。

```
命令: _cylinder
指定底面的中心点或[三点（3P）/两点（2P）/相切、相切、半径（T）/椭圆（E）]:
                                                 //指定圆柱体底圆中心，如图 13-17（b）所示
指定底面半径或[直径（D）] <80.0000>: 80            //输入圆柱体半径
指定高度或[两点（2P）/轴端点（A）] <300.0000>: 300   //输入圆柱体高度
```

结果如图 13-17（b）所示。

（3）改变实体表面网格线的密度。

```
命令: isolines
输入 ISOLINES 的新值 <4>: 40                       //设置实体表面网格线的数量
```

选择菜单命令【视图】/【重生成】，重新生成模型，实体表面网格线变得更加密集。

（4）控制实体消隐后表面网格线的密度。

```
命令: facetres
输入 FACETRES 的新值 <0.5000>: 5                   //设置实体消隐后的网格线密度
```

启动 HIDE 命令，结果如图 13-17（b）所示。

图 13-17　创建长方体及圆柱体

<h1>13.5 将二维对象拉伸成实体或曲面</h1>

EXTRUDE 命令可以拉伸二维对象生成 3D 实体或曲面，若拉伸闭合对象，则生成实体，否则生成曲面。操作时，用户可指定拉伸高度值及拉伸对象的锥角，还可沿某一直线或曲线路径进行拉伸。

【练习 13-4】　练习 EXTRUDE 命令的使用。

（1）打开素材文件"dwg\第 13 章\13-4.dwg"，用 EXTRUDE 命令创建实体。

（2）将图形 A 创建成面域，再用 PEDIT 命令将连续线 B 编辑成一条多段线，如图 13-18（a）、（b）所示。

练习13-4　拉伸对象

（a）　　　　　（b）　　　　　（c）　　　　　（d）

图 13-18　拉伸面域及多段线

（3）用 EXTRUDE 命令拉伸面域及多段线，形成实体和曲面。

单击【建模】面板上的 按钮，启动 EXTRUDE 命令。

```
命令: _extrude
选择要拉伸的对象: 找到1个                    //选择面域，如图 13-18（a）所示
选择要拉伸的对象:                           //按 Enter 键
指定拉伸的高度或[方向（D）/路径（P）/倾斜角（T）/表达式（E）] <262.2213>: 260
                                          //输入拉伸高度
命令:EXTRUDE                               //重复命令
选择要拉伸的对象: 找到1个                    //选择多段线，如图 13-18（b）所示
```

选择要拉伸的对象： //按 `Enter` 键

指定拉伸的高度或[方向（D）/路径（P）/倾斜角（T）/表达式（E）] <260.0000>: p

//使用"路径（P）"选项

选择拉伸路径或[倾斜角]： //选择样条曲线 C

结果如图 13-18（c）、（d）所示。

 系统变量 SURFU 和 SURFV 用于控制曲面上素线的密度。选中曲面，启动 PROPERTIES 命令，该命令将列出这两个系统变量的值，修改它们，曲面上素线的数量就发生变化。

EXTRUDE 命令常用选项的功能如下。

• 指定拉伸的高度：如果输入正的拉伸高度，则使对象沿 z 轴正向拉伸。若输入负值，则沿 z 轴负向拉伸。当对象不在坐标系 xy 平面内时，将沿该对象所在平面的法线方向拉伸对象。

• 方向（D）：指定两点，两点的连线表明了拉伸的方向和距离。

• 路径（P）：沿指定路径拉伸对象以形成实体或曲面。拉伸时，路径被移动到轮廓的形心位置。路径不能与拉伸对象在同一个平面内，也不能具有较大曲率的区域，否则有可能在拉伸过程中产生自相交情况。

• 倾斜角（T）：当 AutoCAD 提示"指定拉伸的倾斜角度<0>:"时，输入正的拉伸倾角表示从基准对象逐渐变细地拉伸，而负角度值则表示从基准对象逐渐变粗地拉伸，如图 13-19 所示。用户要注意拉伸斜角不能太大，若拉伸实体截面在到达拉伸高度前已经变成一个点，那么 AutoCAD 将提示不能进行拉伸。

拉伸斜角为5°   拉伸斜角为-5°

图 13-19　指定拉伸斜角

13.6 旋转二维对象形成实体或曲面

REVOLVE 命令用于旋转二维对象生成 3D 实体，若二维对象是闭合的，则生成实体，否则生成曲面。用户通过选择直线、指定两点或 x 轴、y 轴来确定旋转轴。

REVOLVE 命令可以旋转以下二维对象。

• 直线、圆弧和椭圆弧。

• 二维多段线和二维样条曲线。

- 面域和实体上的平面。

【**练习13-5**】 练习 REVOLVE 命令的使用。

打开素材文件 "dwg\第 13 章\13-5.dwg"，用 REVOLVE 命令创建实体。

单击【建模】面板上的按钮，启动 REVOLVE 命令。

```
命令: _revolve
选择要旋转的对象: 找到 1 个              //选择要旋转的对象，该对象是面域，如图 13-20（a）所示
选择要旋转的对象:                        //按 Enter 键
指定轴起点或根据以下选项之一定义轴[对象（O）/X/Y/Z] <对象>:  //捕捉端点 A
指定轴端点:                              //捕捉端点 B
指定旋转角度或[起点角度（ST）/反转（R）/表达式（EX）] <360>: st
                                        //使用"起点角度（ST）"选项
指定起点角度 <0.0>: -30                  //输入回转起始角度
指定旋转角度 <360>: 210                  //输入回转角度
```

再启动 HIDE 命令，结果如图 13-20（b）所示。

(a)   (b)

图 13-20 旋转面域形成实体

> 若通过拾取两点指定旋转轴，则轴的正向是从第一点指向第二点，旋转角的正方向按右手螺旋法则确定。

REVOLVE 命令主要选项的功能如下。

- 对象（O）：选择直线或实体的线性边作为旋转轴，轴的正方向是从拾取点指向最远端点。
- X/Y/Z：使用当前坐标系的 x 轴、y 轴、z 轴作为旋转轴。
- 起点角度（ST）：指定旋转起始位置与旋转对象所在平面的夹角，角度的正向以右手螺旋法则确定。
- 反转（R）：更改旋转方向，类似于输入 "–"（负）角度值。

13.7
通过扫掠创建实体或曲面

SWEEP 命令用于将平面轮廓沿二维或三维路径进行扫掠，以形成实体或曲面，若二维轮廓是闭合的，则生成实体，否则生成曲面。扫掠时，轮廓一般会被移动并被调整到与路径垂直的方向。默认情况下，轮廓形心将与路径起始点对齐，但也可指定轮廓的其他点作为扫掠对齐点。

【练习 13-6】 练习 SWEEP 命令的使用。

（1）打开素材文件"dwg\第 13 章\13-6.dwg"。

（2）利用 PEDIT 命令将路径曲线 A 编辑成一条多段线。

（3）用 SWEEP 命令将面域沿路径扫掠。

单击【建模】面板上的 🖫 按钮，启动 SWEEP 命令。

```
命令: _sweep
选择要扫掠的对象: 找到 1 个                          //选择轮廓面域，如图 13-21（a）所示
选择要扫掠的对象:                                   //按 Enter 键
选择扫掠路径或[对齐（A）/基点（B）/比例（S）/扭曲（T）]: b   //使用"基点（B）"选项
指定基点: end 于                                    //捕捉点 B
选择扫掠路径或[对齐（A）/基点（B）/比例（S）/扭曲（T）]:      //选择路径曲线 A
```

再启动 HIDE 命令，结果如图 13-21（b）所示。

（a）　　　　　　　　　　　（b）

图 13-21　将面域沿路径扫掠

SWEEP 命令各选项的功能介绍如下。

• 对齐（A）：指定是否将轮廓调整到与路径垂直的方向或者保持原有方向。默认情况下，AutoCAD 将使轮廓与路径垂直。

• 基点（B）：指定扫掠时的基点，该点将与路径起始点对齐。

• 比例（S）：路径起始点处轮廓缩放比例为 1，路径结束处缩放比例为输入值，中间轮廓沿路径连续变化。与选择点靠近的路径端点是路径的起始点。

• 扭曲（T）：设定轮廓沿路径扫掠时的扭转角度，角度值小于 360°。该选项包含"倾斜"子选项，可使轮廓随三维路径自然倾斜。

13.8 通过放样创建实体或曲面

LOFT 命令可对一组平面轮廓曲线进行放样，以形成实体或曲面，若所有轮廓是闭合的，则生成实体，否则生成曲面，如图 13-22 所示。注意，放样时轮廓线或是全部闭合，或是全部开放，不能使用既包含开放轮廓，又包含闭合轮廓的选择集。

放样实体或曲面中间轮廓的形状可利用放样路径控制，如图 13-22（a）所示。放样路径始于第一个轮廓所在的平面，终于最后一个轮廓所在的平面。导向曲线是另一种控制放样形状的方法，将轮廓上对应的点通过导向曲线连接起来，使轮廓按预定方式进行变化，如图 13-22（b）所示。轮廓的导向曲线可以有多条，每条导向曲线必须与各轮廓相交，始于第一个轮廓，止于

最后一个轮廓。

图 13-22　通过放样创建实体或曲面

【**练习 13-7**】　练习 LOFT 命令的使用。

（1）打开素材文件"dwg\第 13 章\13-7.dwg"。

（2）利用 PEDIT 命令将线条 *A*、*D*、*E* 编辑成多段线，如图 13-23（a）、（b）所示。使用该命令时，应先将 UCS 的 *xy* 平面与连续线所在的平面对齐。

（3）用 LOFT 命令在轮廓 *B*、*C* 间放样，路径曲线是 *A*。

　　　单击【建模】面板上的按钮，启动 LOFT 命令。

命令：_loft	
按放样次序选择横截面:总计 2 个	//选择轮廓 *B*、*C*，如图 13-23（a）所示
按放样次序选择横截面：	//按 Enter 键
输入选项[导向（G）/路径（P）/仅横截面（C）/设置（S）]＜仅横截面＞：P	
	//使用"路径（P）"选项
选择路径曲线：	//选择路径曲线 *A*

结果如图 13-23（c）所示。

（4）用 LOFT 命令在轮廓 *F*、*G*、*H*、*I*、*J* 间放样，导向曲线是 *D*、*E*，如图 13-23（b）所示。

命令：_loft	
按放样次序选择横截面:总计 5 个	//选择轮廓 *F*、*G*、*H*、*I*、*J*
按放样次序选择横截面：	//按 Enter 键
输入选项[导向（G）/路径（P）/仅横截面（C）/设置（S）]＜仅横截面＞：G	
	/使用"导向（G）"选项
选择导向曲线：总计 2 个	//选择导向曲线 *D*、*E*
选择导向曲线：	//按 Enter 键

结果如图 13-23（d）所示。

图 13-23　利用放样生成实体

LOFT 命令常用选项的功能如下。

- 导向（G）：利用连接各个轮廓的导向曲线控制放样实体或曲面的截面形状。
- 路径（P）：指定放样实体或曲面的路径，路径要与各个轮廓截面相交。

13.9 | 利用平面或曲面切割实体

SLICE 命令可以根据平面或曲面切开实体模型，被剖切的实体可保留一半或两半都保留，保留部分将保持原实体的图层和颜色特性。剖切方法是先定义切割平面，然后选定需要的部分。用户可通过 3 点来定义切割平面，也可指定当前坐标系 *xy*、*yz*、*zx* 平面作为切割平面。

【练习 13-8】　练习 SLICE 命令的使用。

打开素材文件"dwg\第 13 章\13-8.dwg"，用 SLICE 命令切割实体。

单击【实体编辑】面板上的 按钮，启动 SLICE 命令。

```
命令: _slice
选择要剖切的对象: 找到 1 个                              //选择实体，如图 13-24（a）所示
选择要剖切的对象:                                        //按 Enter 键
指定切面的起点或[平面对象（O）/曲面（S）/Z轴（Z）/视图（V）/XY/YZ/ZX/三点（3）] <三点>:
                                                        //按 Enter 键，利用 3 点定义剖切平面
指定平面上的第一个点: end 于                            //捕捉端点 A
指定平面上的第二个点: mid 于                            //捕捉中点 B
指定平面上的第三个点: mid 于                            //捕捉中点 C
在所需的侧面上指定点或[保留两个侧面（B）] <保留两个侧面>:
                                                        //在要保留的那边单击一点

命令:SLICE                                              //重复命令
选择要剖切的对象: 找到 1 个                              //选择实体
选择要剖切的对象:                                        //按 Enter 键
指定 切面 的起点或[平面对象（O）/曲面（S）/Z轴（Z）/视图（V）/XY/YZ/ZX/三点（3）] <三点>: s
                                                        //使用"曲面（S）"选项
选择曲面:                                                //选择曲面
选择要保留的实体或[保留两个侧面（B）] <保留两个侧面>:   //在要保留的那边单击一点
```

结果如图 13-24（b）所示。

练习13-8　切割实体

（a）　　　　　　　（b）

图 13-24　切割实体

SLICE 命令常用选项的功能如下。

- 平面对象（O）：用圆、椭圆、圆弧或椭圆弧、二维样条曲线或二维多段线等对象所在的平面作为剖切平面。
- 曲面（S）：指定曲面作为剖切面。
- Z 轴（Z）：通过指定剖切平面的法线方向来确定剖切平面。
- 视图（V）：剖切平面与当前视图平面平行。
- XY/YZ/ZX：用坐标平面 *xoy*、*yoz*、*zox* 剖切实体。

13.10 螺旋线及弹簧

HELIX 命令用于创建螺旋线，该线可用作扫掠路径及拉伸路径。用 SWEEP 命令将圆沿螺旋线扫掠就创建出弹簧的实体模型。

【练习 13-9】 练习 HELIX 命令的使用。

（1）打开素材文件"dwg\第 13 章\13-9.dwg"。

（2）用 HELIX 命令绘制螺旋线。

```
单击【绘图】面板上的 按钮，启动 HELIX 命令。
命令：_Helix
指定底面的中心点：                                          //指定螺旋线底面中心点
指定底面半径或[直径（D）] <40.0000>: 40                     //输入螺旋线半径值
指定顶面半径或[直径（D）] <40.0000>:                        //按 Enter 键
指定螺旋高度或[轴端点（A）/圈数（T）/圈高（H）/扭曲（W）] <100.0000>: h
                                                          //使用"圈高（H）"选项
指定圈间距 <20.0000>: 20                                    //输入螺距
指定螺旋高度或[轴端点（A）/圈数（T）/圈高（H）/扭曲（W）] <100.0000>: 100
                                                          //输入螺旋线高度
```

结果如图 13-25（a）所示。

（3）用 SWEEP 命令将圆沿螺旋线扫掠形成弹簧，再启动 HIDE 命令，结果如图 13-25（b）所示。

（a）　　　　　　　（b）

图 13-25　创建弹簧

HELIX 命令各选项的功能如下。

- 轴端点（A）：指定螺旋轴端点的位置。螺旋轴的长度及方向表明了螺旋线的高度及倾斜方向。

- 圈数（T）：输入螺旋线的圈数，数值小于500。
- 圈高（H）：输入螺旋线螺距。
- 扭曲（W）：按顺时针或逆时针方向绘制螺旋线，以逆时针方式绘制的螺旋线是右旋的。

13.11 显示及操作小控件

小控件是能指示方向的三维图标，它可帮助用户移动、旋转和缩放三维对象和子对象。实体的面、边及顶点等对象为子对象，按 Ctrl 键可选择这些对象。

控件分为3类：移动控件、旋转控件及缩放控件，每种控件都包含坐标轴及控件中心（原点处），如图13-26所示。默认情况下，选择具有三维视觉样式的对象或子对象时，在选择集的中心位置会出现移动小控件。

对小控件可做以下操作。

（1）改变控件位置

单击小控件的中心框可以把控件中心移到其他位置。用鼠标右键单击控件，弹出快捷菜单，如图13-27所示，利用以下两个命令也可改变控件位置。

- 【重新定位小控件】：控件中心随鼠标光标移动，单击一点指定控件位置。
- 【将小控件对齐到】：将控件坐标轴与世界坐标系、用户坐标系或实体表面对齐。

三维移动小控件　三维旋转小控件　三维缩放小控件

图13-26　3种小控件　　　　　图13-27　小控件的快捷菜单

（2）调整控件轴的方向

用鼠标右键单击控件，选择【自定义小控件】命令，然后拾取3个点指定控件 x 轴方向及 xy 平面位置即可。

（3）切换小控件

用鼠标右键单击控件，利用快捷菜单上的【移动】、【旋转】及【比例】命令切换控件。

13.12 利用小控件编辑模式移动、旋转及缩放对象

显示小控件并调整其位置后，就可激活控件编辑模式编辑对象。

（1）激活控件编辑模式

将鼠标光标悬停在小控件的坐标轴或回转圆上直至其变为黄色，单击鼠标左键确认，就激活控件编辑模式，如图 13-28 所示。

图 13-28　激活控件编辑模式

控件编辑模式与关键点编辑模式类似。当该种编辑模式激活后，连续按空格键或 Enter 键可在移动、旋转及缩放模式间切换。单击鼠标右键，弹出快捷菜单，利用菜单上的相应命令也可切换编辑模式，还能改变控件位置。

（2）移动对象

激活移动模式后，物体的移动方向被约束到与控件坐标轴的方向一致。移动鼠标光标，物体随之移动，输入移动距离，按 Enter 键结束；输入负的数值，移动方向则相反。

操作过程中，单击鼠标右键，利用快捷菜单上的【设置约束】命令可指定其他坐标方向作为移动方向。

将鼠标光标悬停在控件的坐标轴间的矩形边上直至矩形变为黄色，单击鼠标左键确认，物体的移动方向被约束在矩形平面内，如图 13-29 所示。以坐标方式输入移动距离及方向，按 Enter 键结束。

（3）旋转对象

激活旋转模式的同时将出现以圆为回转方向的回转轴，物体将绕此轴旋转。移动鼠标光标，物体随之转动，输入旋转角度值，按 Enter 键结束；输入负的数值，旋转方向则相反。

操作过程中，单击鼠标右键，利用快捷菜单上的【设置约束】命令可指定其他坐标轴作为旋转轴。

若想以任意一轴为旋转轴，可利用鼠标右键菜单的【自定义小控件】命令创建新控件，使新控件的 x 轴与指定的旋转轴重合，如图 13-30 所示。

图 13-29　移动编辑模式　　　　　　　　图 13-30　旋转对象

（4）缩放对象

激活控件缩放模式后，输入缩放比例值，按 Enter 键结束。

13.13 3D 移动

用户可以使用 MOVE 命令在三维空间中移动对象，其操作方式与在二维空间中一样，只不过当通过输入距离来移动对象时，必须输入沿 x 轴、y 轴、z 轴的距离值。

AutoCAD 提供了专门用来在三维空间中移动对象的命令 3DMOVE，该命令的操作方式与 MOVE 命令类似，但前者使用起来更形象、直观。

【练习 13-10】 练习 3DMOVE 命令的使用。

（1）打开素材文件"dwg\第 13 章\13-10.dwg"。

（2）单击【修改】面板上的 按钮，启动 3DMOVE 命令，将图 13-31（a）所示的对象 A 由基点 B 移动到第二点 C，再通过输入距离的方式移动图 13-31（a）所示的对象 D，移动距离为"40，−50"，结果如图 13-31（b）所示。

（a）　　　　　　　　　（b）

图 13-31　移动对象

（3）重复命令，选择对象 E，按 Enter 键，AutoCAD 显示附着在实体上的移动控件，该控件 3 个轴的方向与世界坐标系的坐标轴方向一致，如图 13-32（a）所示。

（4）移动鼠标光标到 G 轴上，停留一会儿，显示出移动辅助线，然后单击鼠标左键确认，物体的移动方向被约束到与轴的方向一致，如图 13-32（a）所示。

（5）若将鼠标光标移动到两轴间的短线处停住，直至两条短线变成黄色，则表明移动被限制在两条短线构成的平面内。

（6）沿设定方向移动鼠标光标，实体跟随旋转，输入移动距离 50，结果如图 13-32（b）所示。用户也可通过单击一点移动对象。

（a）　　　　　　　　　（b）

图 13-32　移动对象 E

若想沿任一方向移动对象，可按以下方式操作。

（1）将模型的显示方式切换为三维线框模式，启动 3DMOVE 命令，选择对象，AutoCAD 显示移动控件。

（2）用鼠标右键单击控件，利用快捷菜单上的相关命令调整控件的位置，使控件的 *x* 轴与移动方向重合。

（3）激活控件移动模式，移动模型。

13.14

3D 旋转

ROTATE 命令仅能使对象在 *xy* 平面内旋转，即旋转轴只能是 *z* 轴。3DROTATE 命令是 ROTATE 的 3D 版本，该命令能使对象绕 3D 空间中的任意轴旋转。

练习13-11　3D旋转

【练习 13-11】　练习 3DROTATE 命令的使用。

（1）打开素材文件"dwg\第 13 章\13-11.dwg"。

（2）通过【视图】面板上的【视觉样式】下拉列表设定当前模型的显示方式为"线框"。单击【修改】面板上的⊕按钮，启动 3DROTATE 命令，选择要旋转的对象，按 Enter 键，AutoCAD 显示附着在实体上的旋转控件，如图 13-33（a）所示，该控件包含表示旋转方向的 3 个辅助圆。

（3）单击鼠标右键，选择【重新定位小控件】命令，移动鼠标光标到点 *A* 处，并捕捉该点，旋转控件就被放置在此点，如图 13-33（a）所示。

（4）将鼠标光标移动到圆 *B* 处，然后停住鼠标光标直至圆变为黄色，同时出现以圆为回转方向的回转轴，单击鼠标左键确认。

（5）向旋转的方向移动鼠标光标，实体跟随旋转，输入回转角度值"90"，结果如图 13-33（b）所示。也可利用"参照（R）"选项指定回转起始位置，然后再单击一点指定回转终点，操作方法与二维 ROTATE 命令类似。

使用 3DROTATE 命令时，控件回转轴与世界坐标系的坐标轴是平行的。若想指定某条线段为旋转轴，应先将 UCS 坐标系的某一轴与线段重合，然后设定旋转控件与 UCS 坐标系对齐，并将控件放置在线段端点处，这样，就使得旋转轴与线段重合了。

(a)　　　　　　　　　(b)

图 13-33　旋转对象

13.15

3D 阵列

ARRAYRECT 及 ARRAYPOLAR 命令除可创建二维矩形阵列及环形阵列外，还可创建相应的三维阵列。此外，3DARRAY 命令也可创建三维阵列，它是二维 ARRAY 命令的 3D 版本。

【练习 13-12】　练习 ARRAYRECT 及 ARRAYPOLAR 命令的使用。

（1）打开素材文件"dwg\第 13 章\13-12.dwg"，如图 13-34 所示。

（a）　　　　　　　（b）

图 13-34　　练习 ARRAYRECT 及 ARRAYPOLAR 命令

（2）单击【修改】面板上的 按钮，启动 ARRAYRECT 命令。选择要阵列的对象，如图 13-34（a）所示，按 Enter 键后，弹出【矩形阵列】选项卡，如图 13-35 所示。

（3）分别在【行数】、【列数】及【级别】文本框中输入阵列的行数、列数及层数，在【介于】文本框中设置行、列及层间距，如图 13-35 所示。行的方向与坐标系的 x 轴平行，列的方向与 y 轴平行，层的方向是沿着 z 轴方向。每输入完一个数值，按 Enter 键或单击其他文本框，系统显示预览效果图片。

矩形	列数: 3	行数: 2	级别: 3	关联 基点	关闭阵列
	介于: 80	介于: 50	介于: 120		
	总计: 160	总计: 50	总计: 240		
类型	列	行 ▼	层级	特性	关闭

图 13-35　【矩形阵列】选项卡

（4）单击 按钮，启动 HIDE 命令，结果如图 13-36 所示。

（5）默认情况下，【矩形阵列】选项卡中 按钮是按下的，表明创建的矩形阵列是一个整体对象（否则每个项目为单独对象）。选中该对象，弹出【矩形阵列】选项卡，如图 13-37 所示。通过此选项卡可编辑阵列参数，此外，还可重新设定阵列基点，以及通过修改阵列中的某个图形对象使得所有阵列对象发生变化。

图 13-36　阵列结果（1）

矩形	列数: 3	行数: 2	级别: 3	基点	编辑来源 替换项目 重置矩阵	关闭阵列
	介于: 80	介于: 50	介于: 120			
	总计: 160	总计: 50	总计: 240			
类型	列	行 ▼	层级	特性	选项	关闭

图 13-37　【阵列】选项卡

（6）单击【修改】面板上的 按钮，启动 ARRAYPOLAR 命令。启动环形阵列命令，选择要阵列的图形对象，如图 13-34（b）所示，再通过两点指定阵列旋转轴，弹出【环形阵列】选项卡，如图 13-38 所示。

（7）在【项目数】及【填充】文本框中输入阵列的数目及阵列分布的总角度值，也可在【介于】文本框中输入阵列项目间的夹角，如图 13-38 所示。

极轴	项目数: 6	行数: 1	级别: 1	关联 基点 旋转项目 方向	关闭阵列
	介于: 48	介于: 70.9755	介于: 71.6689		
	填充: 240	总计: 70.9755	总计: 71.6689		
类型	项目	行 ▼	层级	特性	关闭

图 13-38　【环形阵列】选项卡

（8）单击 ⬡ 按钮，设定环形阵列沿顺时针或逆时针方向。

（9）单击 ✖ 按钮，启动 HIDE 命令，结果如图 13-39 所示。

（10）在【行】分组框中可以设定环形阵列沿径向分布的数目及间距，在【层级】分组框中可以设定环形阵列沿 z 轴方向阵列的数目及间距。

（11）默认情况下，环形阵列中的项目是关联的，表明创建的阵列是一个整体对象（否则每个项目为单独对象）。选中该对象，弹出【阵列】选项卡，可编辑阵列参数，此外，还可通过修改阵列中的某个图形对象使得所有阵列对象发生变化。

图 13-39　列阵结果（2）

13.16

3D 镜像

如果镜像线是当前坐标系 *xy* 平面内的直线，则使用常见的 MIRROR 命令就可对 3D 对象进行镜像复制。但若想以某个平面作为镜像平面来创建 3D 对象的镜像复制，就必须使用 MIRROR3D 命令。如图 13-40 所示，把点 *A*、点 *B*、点 *C* 定义的平面作为镜像平面，对实体进行镜像。

练习13-13　3D镜像

（a）　　　　　　　（b）

图 13-40　三维镜像

【练习 13-13】　练习 MIRROR3D 命令的使用。

（1）打开素材文件 "dwg\第 13 章\13-13.dwg"，用 MIRROR3D 命令创建对象的三维镜像。

（2）单击【修改】面板上的 ⬡ 按钮，启动 MIRROR3D 命令。

```
命令: _mirror3d
选择对象: 找到 1 个                        //选择要镜像的对象，如图 13-40（a）所示
选择对象:                                 //按 Enter 键
指定镜像平面 (三点) 的第一个点或[对象 (O)/最近的 (L)/Z 轴 (Z)/视图 (V)/XY 平面 (XY)/YZ 平
面 (YZ)/ZX 平面 (ZX)/三点 (3)]<三点>:     //利用 3 点指定镜像平面，捕捉第一点 A
```

在镜像平面上指定第二点：	//捕捉第二点 B
在镜像平面上指定第三点：	//捕捉第三点 C
是否删除源对象？[是（Y）/否（N）] <否>：	//按 Enter 键不删除源对象

结果如图 13-40（b）所示。

MIRROR3D 命令有以下选项，利用这些选项就可以在三维空间中定义镜像平面了。

- 对象（O）：以圆、圆弧、椭圆及 2D 多段线等二维对象所在的平面作为镜像平面。
- 最近的（L）：该选项指定上一次 MIRROR3D 命令使用的镜像平面作为当前镜像面。
- Z 轴（Z）：用户在三维空间中指定两个点，镜像平面将垂直于两点的连线，并通过第 1 个选取点。
- 视图（V）：镜像平面平行于当前视区，并通过用户的拾取点。
- XY 平面/YZ 平面/ZX 平面：镜像平面平行于 xy、yz 或 zx 平面，并通过用户的拾取点。

13.17

3D 对齐

3DALIGN 命令在 3D 建模中非常有用，用户通过此命令可以指定源对象与目标对象的对齐点，从而使源对象的位置与目标对象的位置对齐。例如，用户利用 3DALIGN 命令让对象 M（源对象）某一平面上的 3 点与对象 N（目标对象）某一平面上的 3 点对齐，操作完成后，M、N 两对象将组合在一起，如图 13-41 所示。

图 13-41　三维对齐

【练习 13-14】 练习 3DALIGN 命令的使用。

（1）打开素材文件"dwg\第 13 章\13-14.dwg"，用 3DALIGN 命令对齐 3D 对象。

（2）单击【修改】面板上的 按钮，启动 3DALIGN 命令。

命令：_3dalign	
选择对象：找到 1 个	//选择要对齐的对象，如图 13-41（a）所示
选择对象：	//按 Enter 键
指定基点或[复制（C）]：	//捕捉源对象上的第一点 A
指定第二个点或[继续（C）] <C>：	//捕捉源对象上的第二点 B
指定第三个点或[继续（C）] <C>：	//捕捉源对象上的第三点 C
指定第一个目标点：	//捕捉目标对象上的第一点 D
指定第二个目标点或[退出（X）] <X>：	//捕捉目标对象上的第二点 E
指定第三个目标点或[退出（X）] <X>：	//捕捉目标对象上的第三点 F

结果如图 13-41（b）所示。

使用 3DALIGN 命令时，用户不必指定所有的 3 对对齐点。下面说明提供不同数量的对齐点时 AutoCAD 如何移动源对象。

（1）如果仅指定一对对齐点，则 AutoCAD 就把源对象由第一个源点移动到第一目标点处。

（2）若指定两对对齐点，则 AutoCAD 移动源对象后将使两个源点

练习13-14　3D对齐

的连线与两个目标点的连线重合，并让第一个源点与第一目标点也重合。

（3）如果用户指定 3 对对齐点，那么命令结束后，3 个源点定义的平面将与 3 个目标点定义的平面重合在一起。选择的第一个源点要移动到第一个目标点的位置，前两个源点的连线与前两个目标点的连线重合。第 3 个目标点的选取顺序若与第 3 个源点的选取顺序一致，则两个对象平行对齐，否则相对对齐。

13.18
3D 倒圆角及倒角

FILLET 和 CHAMFER 命令可以对二维对象倒圆角及倒角，它们的用法已在第 2 章中介绍过。对于三维实体，同样可用这两个命令创建圆角和倒角，但此时的操作方式与二维绘图时略有不同。

【**练习 13-15**】 在 3D 空间中使用 FILLET、CHAMFER 命令。

打开素材文件"dwg\第 13 章\13-15.dwg"，用 FILLET、CHAMFER 命令给 3D 对象倒圆角及倒角。

```
命令: _fillet
选择第一个对象或[放弃（U）/多段线（P）/半径（R）/修剪（T）/多个（M）]:
                                    //选择棱边 A, 如图 13-41（a）所示
输入圆角半径 <10.0000>: 15              //输入圆角半径
选择边或[链（C）/半径（R）]:             //选择棱边 B, 如图 13-42（a）所示
选择边或[链（C）/半径（R）]:             //选择棱边 C, 如图 13-42（a）所示
选择边或[链（C）/半径（R）]:             //按 Enter 键结束
命令: _chamfer
选择第一条直线或[放弃（U）/多段线（P）/距离（D）/角度（A）/修剪（T）/ 方式（E）/多个（M）]:
                                    //选择棱边 E, 如图 13-42（a）所示
基面选择...                          //平面 D 高亮显示, 该面是倒角基面
输入曲面选择选项[下一个（N）/当前（OK）] <当前>:   //按 Enter 键
指定基面的倒角距离 <15.0000>: 10        //输入基面内的倒角距离
指定其他曲面的倒角距离 <10.0000>: 30     //输入另一平面内的倒角距离
选择边或[环（L）]:                      //选择棱边 E, 如图 13-42（a）所示
选择边或[环（L）]:                      //选择棱边 F, 如图 13-42（a）所示
选择边或[环（L）]:                      //选择棱边 G, 如图 13-42（a）所示
选择边或[环（L）]:                      //选择棱边 H, 如图 13-42（a）所示
选择边或[环（L）]:                      //按 Enter 键结束
```

结果如图 13-42（b）所示。

练习13-15 3D倒圆角及倒角

（a）

（b）

图 13-42 倒圆角及倒角

13.19 编辑实体的表面

用户除了能对实体进行倒角、阵列、镜像及旋转等操作外，还能编辑实体模型的表面。常用的表面编辑功能主要包括拉伸面、旋转面、压印对象等。

13.19.1 拉伸面

AutoCAD 可以根据指定的距离拉伸面或将面沿某条路径进行拉伸。拉伸时，如果是输入拉伸距离值，那么还可输入锥角，这样将使拉伸所形成的实体锥化。图 13-43 所示为将实体表面按指定的距离、锥角及沿路径进行拉伸的结果。

【练习 13-16】 拉伸面。

（1）打开素材文件"dwg\第 13 章\13-16.dwg"，利用 SOLIDEDIT 命令拉伸实体表面。

（2）单击【实体编辑】面板上的 按钮，AutoCAD 主要提示如下。

```
命令：_solidedit
选择面或[放弃（U）/删除（R）]：找到一个面。          //选择实体表面 A，如图 13-43（a）所示
选择面或[放弃（U）/删除（R）/全部（ALL）]：          //按 Enter 键
指定拉伸高度或[路径（P）]：50                       //输入拉伸的距离
指定拉伸的倾斜角度 <0>：5                          //指定拉伸的锥角
```

结果如图 13-43（b）所示。

（a）

指定拉伸距离及锥角
（b）

（c）

沿路径拉伸
（d）

图 13-43　拉伸实体表面

拉伸面常用选项的功能介绍如下。

- 指定拉伸高度：输入拉伸距离及锥角来拉伸面。对于每个面规定其外法线方向是正方向，当输入的拉伸距离是正值时，面将沿其外法线方向拉伸，否则，将向相反方向拉伸。在指定拉伸距离后，AutoCAD 会提示输入锥角，若输入正的锥角值，则将使面向实体内部锥化，否则，将使面向实体外部锥化，如图 13-44 所示。

- 路径（P）：沿着一条指定的路径拉伸实体表面。拉伸路径可以是直线、圆弧、多段线及 2D 样条线等，作为路径的对象不能与要拉伸的表面共面，也应避免路径曲线的某些局部区域有较高的曲率，否则，可能使新形成的实体在路径曲率较高处出现自相交的情况，从而导致拉伸失败。

正锥角
（a）

负锥角
（b）

图 13-44　拉伸并锥化面

用户可用 PEDIT 命令的"合并（J）"选项将当前坐标系 *xy* 平面内的连续几段线条连接成多段线，这样就可以将其定义为拉伸路径了。

13.19.2　旋转面

通过旋转实体的表面就可改变面的倾斜角度，或者将一些结构特征（如孔、槽等）旋转到新的方位。如图 13-45 所示，将 *A* 面的倾斜角修改为 120°，并把槽旋转 90°。

（a）　　　　　　　（b）

图 13-45　　旋转面

在旋转面时，用户可通过拾取两点、选择某条直线或设定旋转轴平行于坐标轴等方法来指定旋转轴，另外，应注意确定旋转轴的正方向。

【练习 13-17】　　旋转面。

（1）打开素材文件"dwg\第 13 章\13-17.dwg"，利用 SOLIDEDIT 命令旋转实体表面。

（2）单击【实体编辑】面板上的▣按钮，AutoCAD 主要提示如下。

```
命令: _solidedit
选择面或[放弃（U）/删除（R）]: 找到一个面。        //选择表面A，如图13-45（a）所示
选择面或[放弃（U）/删除（R）/全部（ALL）]:        //按 Enter 键
指定轴点或[经过对象的轴（A）/视图（V）/X轴（X）/Y轴（Y）/Z轴（Z）] <两点>:
                                                //捕捉旋转轴上的第一点 D
在旋转轴上指定第二个点:                          //捕捉旋转轴上的第二点 E
指定旋转角度或[参照（R）]: -30                   //输入旋转角度
```

结果如图 13-45（b）所示。

"旋转面"常用选项的功能介绍如下。

- 两点：指定两点来确定旋转轴，轴的正方向是由第 1 个选择点指向第 2 个选择点。
- X 轴（X）/Y 轴（Y）/Z 轴（Z）：旋转轴平行于 *x* 轴、*y* 轴或 *z* 轴，并通过拾取点。旋

转轴的正方向与坐标轴的正方向一致。

13.19.3　压印

压印（Imprint）可以把圆、直线、多段线、样条曲线、面域及实心体等对象压印到三维实体上，使其成为实体的一部分。用户必须使被压印的几何对象在实体表面内或与实体表面相交，压印操作才能成功。压印时，AutoCAD将创建新的表面，该表面以被压印的几何图形及实体的棱边作为边界，用户可以对生成的新面进行拉伸和旋转等操作。如图13-46所示，将圆压印在实体上，并将新生成的面向上拉伸。

（a）　　　　　　　（b）　　　　　　　（c）

图13-46　压印

练习13-18　压印

【练习13-18】　压印。

（1）打开素材文件"dwg\第13章\13-18.dwg"，单击【实体编辑】面板上的 按钮，AutoCAD主要提示如下。

选择三维实体：	//选择实体模型
选择要压印的对象：	//选择圆A，如图13-46（a）所示
是否删除源对象？ <N>：y	//删除圆A
选择要压印的对象：	//按 Enter 键

结果如图13-46（b）所示。

（2）单击 按钮，AutoCAD主要提示如下。

选择面或[放弃（U）/删除（R）]：找到一个面。	//选择表面B，如图13-46（b）所示
选择面或[放弃（U）/删除（R）/全部（ALL）]：	//按 Enter 键
指定拉伸高度或[路径（P）]：10	//输入拉伸高度
指定拉伸的倾斜角度 <0>：	//按 Enter 键

结果如图13-46（c）所示。

13.19.4　抽壳

用户可以利用抽壳的方法将一个实体模型生成一个空心的薄壳体。在使用抽壳功能时，要先指定壳体的厚度，AutoCAD然后把现有的实体表面偏移指定的厚度值，以形成新的表面，这样，原来的实体就变为一个薄壳体。如果指定正的厚度值，AutoCAD就在实体内部创建新面，否则，在实体的外部创建新面。另外，在抽壳操作过程中还能将实体的某些面去除，以形成开口的薄壳体，图13-47（b）所示为把实体进行抽壳并去除其顶面的结果。

图 13-47 抽壳

【练习 13-19】 抽壳。

（1）打开素材文件"dwg\第 13 章\13-19.dwg"，利用 SOLIDEDIT 命令创建一个薄壳体。

（2）单击【实体编辑】面板上的 ◙ 按钮，AutoCAD 主要提示如下。

选择三维实体：	//选择要抽壳的对象
删除面或[放弃（U）/添加（A）/全部（ALL）]：找到一个面，已删除 1 个	
	//选择要删除的表面 A，如图 13-47（a）所示
删除面或[放弃（U）/添加（A）/全部（ALL）]：	//按 Enter 键
输入抽壳偏移距离：10	//输入壳体厚度

结果如图 13-47（b）所示。

13.20 | 与实体显示有关的系统变量

与实体显示有关的系统变量有 3 个：ISOLINES、FACETRES 及 DISPSILH，分别介绍如下。

- ISOLINES：此变量用于设定实体表面网格线的数量，如图 13-48 所示。

- FACETRES：用于设置实体消隐或渲染后的表面网格密度。此变量值的范围为 0.01～10.0，值越大表明网格越密，消隐或渲染后的表面越光滑，如图 13-49 所示。

图 13-48　ISOLINES 变量　　　　　　图 13-49　FACETRES 变量

- DISPSILH：用于控制消隐时是否显示出实体表面网格线。若此变量值为 0，则显示网格线；为 1，则不显示网格线，如图 13-50 所示。

图 13-50　DISPSILH 变量

13.21 | 用户坐标系

默认情况下，AutoCAD 坐标系统是世界坐标系，该坐标系是一个固定坐标系。用户也可在三维空间中建立自己的坐标系（UCS），该坐标系是一个可变动的坐标系，坐标轴正向按右手螺旋法则确定。三维绘图时，UCS 坐标系特别有用，因为用户可以在任意位置、沿任意方向建立 UCS，从而使得三维绘图变得更加容易。

练习13-20 用户坐标系

在 AutoCAD 中，多数 2D 命令只能在当前坐标系的 xy 平面或与 xy 平面平行的平面内执行。若用户想在 3D 空间的某一平面内使用 2D 命令，则应在此平面位置创建新的 UCS。

【练习 13-20】 在三维空间中创建坐标系。

（1）打开素材文件 "dwg\第 13 章\13-20.dwg"。

（2）改变坐标原点。单击【坐标】面板上的 └ 按钮，或者键入 UCS 命令，AutoCAD 提示如下。

```
命令: ucs
指定 UCS 的原点或 [面（F）/命名（NA）/对象（OB）/上一个（P）/视图（V）/世界（W）/X/Y/Z/Z 轴（ZA）]
<世界>:                              //捕捉点 A，如图 13-51 所示
指定 X 轴上的点或 <接受>:              //按 Enter 键
```

结果如图 13-51 所示。

（3）将 UCS 坐标系绕 x 轴旋转 90°。

```
命令:UCS
指定 UCS 的原点或 [面（F）/命名（NA）/对象（OB）/上一个（P）/视图（V）/世界（W）/X/Y/Z/Z 轴（ZA）]
<世界>: x                            //使用 "X" 选项
指定绕 X 轴的旋转角度 <90>: 90        //输入旋转角度
```

结果如图 13-52 所示。

图 13-51 改变坐标原点　　　　　图 13-52 将坐标系绕 x 轴旋转

（4）利用 3 点定义新坐标系。

```
命令:UCS
指定 UCS 的原点或 [面（F）/命名（NA）/对象（OB）/上一个（P）/视图（V）/世界（W）/X/Y/Z/Z 轴（ZA）]
<世界>: end 于                       //捕捉点 B，如图 13-53 所示
在正 X 轴范围上指定点: end 于          //捕捉点 C
在 UCS XY 平面的正 Y 轴范围上指定点: end 于   //捕捉点 D
```

结果如图 13-53 所示。

除用 UCS 命令改变坐标系外，用户也可打开动态 UCS 功能，使 UCS 坐标系的 xy 平面在

绘图过程中自动与某一平面对齐。按 F6 键或按下状态栏上的 按钮，就可打开动态 UCS 功能。启动二维或三维绘图命令，将鼠标光标移动到要绘图的实体面，该实体面亮显，表明坐标系的 *xy* 平面临时与实体面对齐，绘制的对象将处于此面内。绘图完成后，UCS 坐标系又返回原来状态。

在 AutoCAD 2014 中，UCS 图标是一个可被选择的对象，选中它，出现关键点，激活关键点可移动或旋转坐标系。也可先将鼠标光标悬停在关键点上，弹出快捷菜单，利用菜单命令调整坐标系，如图 13-54 所示。

图 13-53 利用 3 点定义坐标系

图 13-54 UCS 图标对象

13.22 利用布尔运算构建复杂实体模型

前面已经介绍了如何生成基本三维实体及由二维对象转换得到三维实体，将这些简单实体放在一起，然后进行布尔运算，就能构建复杂的三维模型。

布尔运算包括并集、差集和交集。

1. 并集操作

UNION 命令将两个或多个实体合并在一起形成新的单一实体，操作对象既可以是相交的，也可以是分离开的。

练习13-21 并集操作

【练习 13-21】 并集操作。

（1）打开素材文件"dwg\第 13 章\13-21.dwg"，用 UNION 命令进行并运算。

（2）单击【实体编辑】面板上的 按钮或键入 UNION 命令，AutoCAD 提示如下。

```
命令: _union
选择对象: 找到 2 个        //选择圆柱体及长方体, 如图 13-55 ( a ) 所示
选择对象:                  //按 Enter 键
```

结果如图 13-55（b）所示。

2. 差集操作

SUBTRACT 命令将实体构成的一个选择集从另一选择集中减去。操作时，用户首先选择被减对象，构成第 1 选择集，然后选择要减去的对象，构成第 2 选择集，操作结果是第 1 选择集减去第 2 选择集后形成的新对象。

（a）　　　　（b）

图 13-55 并集操作

【**练习 13-22**】 差集操作。

（1）打开素材文件"dwg\第 13 章\13-22.dwg"，用 SUBTRACT 命令进行差运算。

（2）单击【实体编辑】面板上的⊙按钮或键入 SUBTRACT 命令，AutoCAD 提示如下。

```
命令: _subtract
选择对象: 找到 1 个          //选择长方体，如图 13-56（a）所示
选择对象:                   //按 Enter 键
选择对象: 找到 1 个          //选择圆柱体
选择对象:                   //按 Enter 键
```

练习13-22 差集操作

结果如图 13-56（b）所示。

3. 交集操作

INTERSECT 命令用于创建由两个或多个实体重叠部分构成的新实体。

【**练习 13-23**】 交集操作。

（1）打开素材文件"dwg\第 13 章\13-23.dwg"，用 INTERSECT 命令进行交运算。

（2）单击【实体编辑】面板上的⊙按钮或键入 INTERSECT 命令，AutoCAD 提示如下。

```
命令: _intersect
选择对象:                   //选择圆柱体和长方体，如图 13-57（a）所示
选择对象:                   //按 Enter 键
```

结果如图 13-57（b）所示。

（a）　　　　　（b）　　　　　　　　　（a）　　　　　（b）

图 13-56　差集操作　　　　　　图 13-57　交集操作

【**练习 13-24**】 下面绘制图 13-58 所示组合体的实体模型，通过这个例子向读者演示三维建模的过程。

图 13-58　创建实体模型

练习13-24 布尔运算创建实体

（1）创建一个新图形文件。

（2）选取菜单命令【视图】/【三维视图】/【东南等轴测】，切换到东南轴测视图。将坐标系绕 x 轴旋转 $90°$，在 xy 平面内画二维图形，再把此图形创建成面域，如图 13-59（a）所示。拉伸面域形成立体，结果如图 13-59（b）所示。

（3）将坐标系绕 y 轴旋转 $90°$，在 xy 平面内画二维图形，再把此图形创建成面域，如图 13-60（a）所示。拉伸面域形成立体，结果如图 13-60（b）所示。

图 13-59　创建面域并拉伸（1）　　　　　图 13-60　创建面域并拉伸（2）

（4）用 MOVE 命令将新建立体移动到正确位置，再复制它，然后对所有立体执行"并"运算，如图 13-61 所示。

（5）创建 3 个圆柱体，圆柱体高度为 1600，如图 13-62（a）所示。利用"差"运算将圆柱体从模型中去除，结果如图 13-62（b）所示。

（a）　　　　　　（b）

图 13-61　　执行"并"运算　　　　　图 13-62　创建圆柱体并执行"差"运算

（6）返回世界坐标系，在 xy 平面内画二维图形，再把此图形创建成面域，如图 13-63（a）所示。拉伸面域形成立体，结果如图 13-63（b）所示。

（7）用 MOVE 命令将新建立体移动到正确的位置，再对所有立体执行"并"运算，结果如图 13-64 所示。

（a）　　　　　（b）　　　　　（c）

图 13-63　创建面域并拉伸（3）　　　　　图 13-64　移动立体并执行"并"运算

习　题

1. 绘制图 13-65 所示立体的实心体模型。
2. 绘制图 13-66 所示立体的实心体模型。

图 13-65　创建实体模型（1）

图 13-66　创建实体模型（2）

3. 绘制图 13-67 所示立体的实心体模型。
4. 绘制图 13-68 所示立体的实心体模型。

图 13-67　创建实体模型（3）

图 13-68　创建实体模型（4）

5. 绘制图 13-69 所示立体的实心体模型。

图 13-69　创建实体模型（5）